U0252404

普通动物病理学

刘彦威　刘建钗　刘利强　著

科学出版社

北京

内 容 简 介

　　本书内容包括绪论，疾病概论，局部血液循环障碍，水盐代谢及酸碱平衡紊乱，组织与细胞损伤，修复、代偿和适应，炎症和肿瘤。主要描述不同疾病发生、发展的共同规律，同时包括细胞超微病变和疾病发生的分子病理机制，使本书不仅具有广度，还具有一定的深度和先进性。每部分内容均有系统、简练的文字描述，同时附有相应的大体和组织病变图片（共386幅），力求做到重点突出、语言简洁、图解配合、图文并茂、通俗易懂。

　　本书可以作为动物医学及相关专业师生的教材和实验指导用书，还可以作为动物医学专业研究生的选用教材，也可以作为生物医学相关专业科研工作者及基层兽医工作者的参考书。

图书在版编目（CIP）数据

普通动物病理学/刘彦威，刘建钗，刘利强著. —北京：科学出版社，2018.3

　　ISBN 978-7-03-035251-4

　　Ⅰ．①普…　Ⅱ．①刘…　②刘…　③刘…　Ⅲ．①兽医学-病理学　Ⅳ．①S852.3

中国版本图书馆CIP数据核字（2018）第032982号

责任编辑：李　迪 ／ 责任校对：彭珍珍
责任印制：张　伟 ／ 封面设计：刘新新

科 学 出 版 社 出版

北京东黄城根北街16号
邮政编码：100717
http://www.sciencep.com

北京九州迅驰传媒文化有限公司印刷
科学出版社发行　各地新华书店经销

*

2018年3月第 一 版　　开本：720×1000 B5
2025年1月第二次印刷　　印张：12 3/4
字数：252 000

定价：**120.00元**
（如有印装质量问题，我社负责调换）

前　言

　　动物病理学又称兽医病理学或家畜病理学，是一门与基础兽医学等多个学科密切相关的综合性边缘学科。动物病理学在兽医学教育中起着承上启下的作用，是一门具有"桥梁"作用的专业基础课。无论在兽医学教育方面，还是在兽医临床方面都起到举足轻重的作用，美国著名医生和医史专家 William Osler 称"病理学为医学之本"。

　　目前，兽医病理学书籍较多，大致分为两类：一类是病理教科书或规划教材，内容系统，理论体系完整，以长篇的文字叙述为主，内容较抽象；另一类为病理图谱，附有大量的图片，直观，简明，但若没有病理读片基础，难以看懂。鉴于此，作者结合两类图书的优点，把多年从事教学、科研、临床工作所取得的成果和一手资料进行总结，撰写成此书。

　　本书内容包括绪论、疾病概论，局部血液循环障碍，水盐代谢及酸碱平衡紊乱，组织与细胞损伤，修复、代偿和适应，炎症和肿瘤，附有386幅图片。每部分内容均有系统、简练的文字描述，同时附有相应的大体和组织病变图片。文学描述可保障理论体系完整，而附上图片具体形象，图文结合，通俗易懂。

　　河北省科技厅农村处为本书的出版提供了资助。特别感谢河北工程大学生命科学和食品工程学院领导的鼎力相助和指导。感谢河北省禽病工程技术研究中心研究团队的帮助和付出。

　　撰写过程中，尽管著者付出了巨大努力，但难免存在不足之处，恳请读者批评指正。

著　者

2017 年 8 月

目　　录

绪　　论

一、动物病理学的概念

　　动物病理学（pathology of animal）是研究动物疾病的病因、发病机制、病变及其结局和转归的兽医基础科学，又称兽医病理学或家畜病理学。

　　动物病理学包括三方面的内容。①病因学（etiology）：研究疾病发生原因及条件的科学，即疾病是因何发生的。②发病学（pathogensis）：研究疾病发展及转归机制的科学，即病因作用于机体后，疾病是如何发展的，探讨疾病发生的机制，病因是如何引起疾病发生的。③病变（pathological change）：又称病理变化，即研究疾病导致的机体异常现象，以及异常变化导致的后果，即预后（包括结局和转归）。例如，猪瘟的病因为猪瘟病毒感染；发病机制是病毒侵染细胞，引起体温升高，导致机体发生败血症；病变是多种实质器官出血等变化；结局是因没有特效的治疗药物，多数病猪死亡，少数幸存者变为僵猪。

　　动物病理学从疾病起始因素（病因学）入手，研究病因如何引起疾病（发病学），以及发病机体的异常变化（病变），直到疾病结局。因此，它研究的是整个疾病的过程，但更侧重的是病理变化。

　　动物体在患病时，机体在致病因素的作用下会发生病变，包括形态结构改变及功能和代谢变化（图 1）。前者称解剖病理学（pathology anatomy），后者称病理生理学（pathology physiology）。

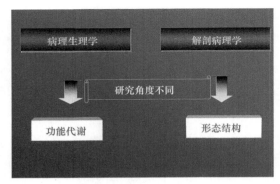

▲ 图 1　病理生理和解剖病理的关系

二、动物病理学的内容

　　动物体各个器官虽然在功能和结构上互不相同，但在各种致病因子的影响下，不同器官可呈现同样的基本反应和结构改变，这就是病理学总论的研究对象和内容，即不同疾病发生、发展的共同规律，又称普通病理学（general pathology）。例如，肝炎、肺炎、肠炎、肾炎等虽然各有其自身的病因和独特的病变，并发生于不同的器官，但都属炎性疾患，都发生细胞、组织损伤，局部血液循环障碍，炎性渗出和细胞、组织增生等共同的炎症的基本改变，其本质是病因对机体的损伤和机体对损伤的防御反应在相应局部的表现。因此，普通病理学是阐述病理过程及其发生、发展的基本规律，阐明其本质，以便运用这些知识去更深刻地发现和认识各种疾病的特殊规律和本质的学科，包括疾病概论，局部血液循环障碍，细胞和组织损伤，适应、代偿与修复，炎症与肿瘤等内容。

三、动物病理学在兽医科学中的地位

　　动物病理学是一门与基础兽医学等多个学科密切相关的综合性边缘学科。为了深入了解疾病过程中机体的形态结构、功能和代谢变化，正确分析疾病的发生、发展规律，需要有关于正常动物生理学、生物化学的坚实知识基础，还要有解剖学、组织胚胎学、生物学、免疫学和微生物学等学科的相关知识。同时，动物病理学又是学习临床医学如内科、外科、传染病学、寄生虫病学等课程的基础。所以，动物病理学在基础兽医学与临床兽医学之间起着承上启下的作用，故长期以来被誉为"桥梁医学"（图2）。因此，动物病理学的学习应以正常动物的形态结构、功能与代谢为基础，学习疾病是如何发生的，掌握患病时机体的形态结构、功能和代谢的变化及其发病机制，帮助认识疾病的本质，为进一步学习疾病的诊断和治疗打下基础。

▲ 图2　病理学与其他学科的关系

在科学研究中，病理学是重要的研究领域。动物传染病、寄生虫病及恶性肿瘤等重大疾病的科学研究，无一不涉及病理学内容。临床病理数据和资料，包括大体标本、石蜡切片的积累，不仅是医学科学研究的材料，也是病理学教学和病理医生培养的宝贵材料。

总之，动物病理学在兽医教学、临床治疗和科学研究上都扮演着重要的角色，故美国著名医生和医史专家 William Osler 称"病理学为医学之本"。

四、研究方法

（一）尸体剖检

尸体剖检（autopsy）简称尸检，即对死亡的动物进行病理解剖和后续的显微镜观察，是动物病理学的基本研究方法之一。它是运用病理学有关技术和知识检查死亡畜禽的各种变化，揭示疾病的发生、发展规律。通过尸体剖检可以明确对疾病的诊断，查明死亡原因，有助于及时总结经验，改进和提高诊疗工作的质量。观察内容如下。

1. 大体观察

主要用肉眼或借助放大镜、尺、秤等工具，观察病变器官和组织的大小、形状、重量、色泽、质地、界限、表面和切面性状等。大体观察是观察病变的整体形态，具有三维性，是其他观察所不能替代的。不足之处是受肉眼分辨率的限制（图 3）。

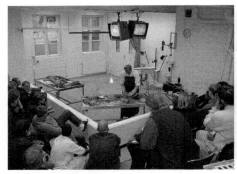

▲ 图 3　动物解剖现场

2. 光镜观察

根据研究需要采取部分病变组织，经切片、染色后，于显微镜下观察。

到目前为止，传统的组织学观察方法仍然是病理学研究和疾病诊断无可替代的最基本的方法（图 4）。受取材的影响，只能观察组织局部。

3. 组织化学观察

组织化学观察是在组织切片上研究组织的化学构成，通过一些化学试剂处理后来观察识别细胞。例如，常见的苏木精 - 伊红染色（HE 染色）（图 5），细胞核染成蓝色，细胞质染成红色，使细胞更易识别辨认。不足是不能确定染色的是何种物质。

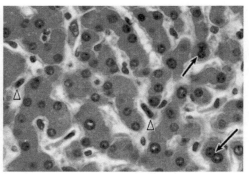

▲ 图 4　多人显微镜观察　　▲ 图 5　肝组化染色（HE）

4. 免疫组织化学观察

免疫组织化学观察也是在组织切片上研究组织的化学组成，与常用的染色不同，它通常用标记的单克隆抗体作探针，标记细胞或组织相应物质，然后进行定位（图6，图7）。

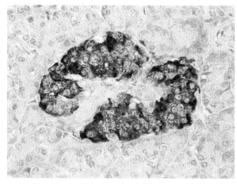

▲ 图6　免疫酶染色（胰岛B细胞）　　　▲ 图7　免疫荧光染色（Annexin 荧光标记）

5. 电镜观察

把病变的组织制成超薄切片，于电镜下观察细胞或组织的超微结构。其优点是能识别光镜下不能见到的亚细胞结构（图8，图9）。

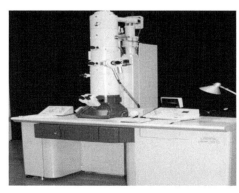

▲ 图8　电子显微镜　　　　　　　　　▲ 图9　血细胞超微模式图

除上述常用的形态学观测技术外，近年来还建立了放射自显影、计算机形态测量、流式细胞仪、分子原位杂交、原位末端标记、原位 PCR 等新技术，对于动物病理学的深入研究具有重要意义。

（二）动物实验

动物实验（animal experiment）即在人为控制条件下，在实验动物身上复制畜禽疾病模型，研究疾病的病因学、发病学及发生、发展过程等。其目的是方便研究，用实验动物复制疾病模型，可在实验室进行，容易控制条件及获取病理资料，寻找自然病例需要时间，带有一定的盲目性；用实验动物制作模型，可节约经费，因为实验动物体型小，易饲养，费用较低。但应该明确，实验动物与原动物之间是有区别的，因此，最终还要回归到原动物上（图10，图11）。

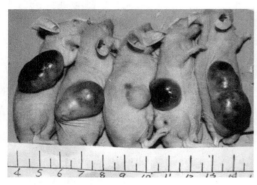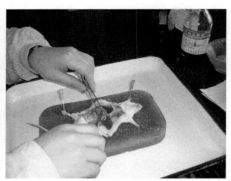

▲ 图 10　小鼠肿瘤模型　　　　　▲ 图 11　小鼠尸检

（三）组织和细胞培养

组织和细胞培养 (tissue and cell culture) 是将某些组织和细胞用适宜的培养基在体外培养，以观察细胞、组织病变的发生、发展，如肿瘤的生长、细胞的癌变、病毒的复制、染色体的变异等。此外，也可以对其施加诸如射线、药物等外来因子，以观察外来因子对细胞、组织的影响等。这种方法的优点是可以较方便地在体外观察研究各种疾病的病变过程，研究加外界影响的方法，而且周期短、见效快，可以节省时间，是很好的研究方法之一。缺点是孤立的体外环境毕竟与各部分间互相联系、互相影响的体内整体环境不同，故不能将研究结果与体内过程等同看待（图12，图13）。

（四）活体组织检查

用局部切除、钳取、穿刺、针吸及搔刮、摘除等手术方法，由患畜活体

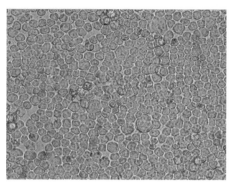

▲ 图 12　培养 SP2/0 细胞

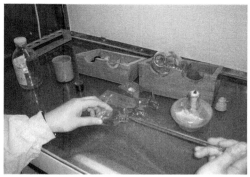

▲ 图 13　细胞培养

中采取病变组织进行病理检查以确定诊断的过程称为活体组织检查（biopsy），简称活检，这是被广泛采用的检查诊断方法。这种方法的优点在于组织新鲜，能基本保持病变的真相，有利于进行组织学、组织化学、细胞化学及超微结构和组织培养等研究。对于临床工作而言，采用这种检查方法有助于及时准确地对疾病做出诊断和进行疗效判断。特别是对于诸如性质不明的肿瘤等疾患，准确而及时的诊断，对治疗和预后都具有十分重要的意义（图 14，图 15）。

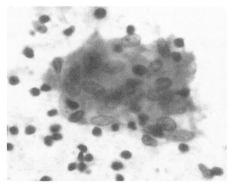

▲ 图 14　朗罕细胞（穿刺）

▲ 图 15　活组织处理

　　总而言之，在疾病治疗中，活体组织检查是迄今诊断疾病最可靠的方法。细胞学检查在发现早期肿瘤等方面具有重要作用，对病死动物进行尸体解剖能对疾病诊断和死因做出最权威的终极回答，也是提高临床诊断和医疗水平的重要方法。虽然实验室检验、影像学诊断、内窥镜检查等技术突飞猛进，在疾病的发现和定位上起到重要作用，但很多疾病的最后结论，还有赖于病理来做出诊断。

五、病理学的发展

▲ 图 16 Hippocrates

人和动物自诞生起，始终与疾病共存，在人们和疾病的斗争中，逐步发展出病理学。病理学的发展大致分为 4 个阶段。

1. 公元前 460～前 370　古希腊哲学的病理学

古希腊名医希波克拉底（Hippocrates，公元前 460～前 370）首创液体病理学（图 16），且其在当时占主导地位。他认为疾病是由外界因素促使人体内的血液（心脏产生）、黏液（脑产生）、黄胆汁（肝产生）和黑胆汁（脾产生）4 种基本液体发生质和量的改变，并造成 4 液之间的比例失衡而引起的。正常时这 4 种体液是平衡的，当失衡时发生疾病。

固体病理学：德国 Damocrit 以原子为基础进行研究，认为疾病是由原子排列和运动紊乱造成的。

液体病理学和固体病理学都对疾病的来源作了阐述，但未对医疗实践起到理论指导作用。

2. 17 世纪末至 18 世纪　器官病理学的建立

第一次科学地研究疾病的机会来自对尸体内脏的细致检查。通过对尸体器官的检查，建立了器官病理学。

安东尼·本尼维尼（Antonio Beniveni，1440～1503）是佛罗伦萨的外科医生，通过对 12 例尸体解剖并描述，试图确定死者的死因和临床症状。他所著的《疾病隐因》被认为是唯一一本根据自己观察写成的病理学著作，他本人也被尊称为解剖病理学之父。

▲ 图 17 Morgagni

乔瓦尼·巴蒂斯塔·莫干尼（Giovanni Battista Morgagni，1682～1771）（图 17），意大利人，Padua 大学教授，通过对 700 多例尸体解剖，详细记录了病变器官肉眼可见的变化，认为不同的疾病是由相应器官的形态改变引起的。根据尸体剖检材料，他发现了疾病和器官病变之间的关系，提出了疾病的器官定位学说。他把解剖病理学研究建立在坚实的基础上。他的巨著《论疾病的部位和原因》可认为是有关器官病理学较系统的专著。后来一些学者采用莫干尼的研究方法，不断完善器官病理学。

3. 19 世纪中叶　细胞病理学的建立

19 世纪中叶，随着显微镜的发明和使用，人们可以用光学显微镜研究正常和病变细胞的形态变化。鲁道夫·路德维希·卡尔·菲尔绍（Rudolf Ludwig Karl Virchow，1821 ～ 1902）是德国伟大的病理学家（图 18），是使用显微镜的热情倡导者。他认为细胞是生物体的基本组成部分，是最小的可见单位，同时提出了许多有关疾病细胞病理学的观点。光学显微镜使他能够观察到病变组织细胞水平的改变。1858 年菲尔绍出版了他的巨著《细胞病理学》。

▲ 图 18　Virchow

他采用显微镜对病变组织进行深入的观察，认为细胞的结构改变和功能障碍是一切疾病的基础，指出了形态学的改变与疾病过程和临床表现的关系。

4. 20 世纪至今　现代病理学的发展

通过一个半世纪的发展，病理学体系逐渐形成并得到完善。例如，用肉眼观察病变器官的大体变化称为解剖病理学（pathology anatomy）；借助于显微镜所进行的组织学和细胞学研究称为组织病理学（histopathology）或细胞病理学；用电子显微镜技术观察病变细胞的超微结构变化称为超微结构病理学（ultrastructural pathology）。

在传统病理学的基础上，应用分子生物学技术研究疾病的发生、发展过程，形成病理学一个新的分支，即分子病理学。它的核心内容是通过对蛋白质和核酸等生物大分子的结构、功能及其相互作用等规律进行研究来阐明生命的分子基础，从而探索生命和疾病乃至生与死的奥秘。其学科体系是在 20 世纪70 年代后与生物化学、细胞生物学和基因学、基因组学及蛋白质组学的交叉融合中逐渐形成并得到完善的。

近 40 年来，免疫学、细胞生物学、分子生物学、细胞遗传学、免疫组织化学、流式细胞术、图像分析技术等理论和技术的应用，极大地推动了传统病理学的发展，特别是学科间的相互渗透又使病理学出现了另外一些新的分支学科，如免疫病理学（immunopathology），研究免疫反应与疾病的关系；

毒理病理学（toxicological pathology），研究已知或可疑毒物的影响；遗传病理学（genetic pathology），研究染色体和基因的异常及其对疾病的影响；血液病理学（hematopathology），研究血液中细胞和凝血因子的异常；化学病理学（chemical pathology），通过组织和体液的化学改变来研究和诊断疾病。

六、学习动物病理学的目的

学习病理学的目的是认识和掌握疾病的本质，为疾病的诊断和预防提供理论基础。

第一章
疾 病 概 论

第一节　疾病的概述

一、疾病的概念与特征

疾病（disease）是机体与致病因素相互作用而发生的损伤与抗损伤斗争的复杂过程。在这个过程中，机体对环境的适应能力降低，生产性能降低。疾病的特征如下。

1. 疾病是病因作用的结果

任何疾病都有其发病的原因，没有原因的疾病是不存在的，查明原因是有效防治疾病的先决条件。尽管现在有些疾病的原因还没有弄清楚，但随着科学的发展，人们认识的不断提高，这些疾病的原因终归会被揭示。

目前，多数疾病已明确病因，有少数因病因复杂，还未彻底弄清，因此治疗时只能对症治疗，防治有局限性。但并非弄清了病因，就能完全治疗疾病，如由病毒感染引起的疾病，由于没有特效药，目前还没有有效的治疗方法，但明确病因后，可以预防。

2. 疾病是完整机体的反应

机体是完整统一的整体。疾病发生，意味着体内自稳协调关系被破坏，只不过有些疾病局部症状明显，有些疾病全身症状明显，但任何变化都是完整机体的反应。

3. 疾病是损伤与抗损伤斗争的过程

在致病因素的作用下，机体出现损伤，机能发生障碍，但与此同时必然出现抗损伤的生理反应，借以抵抗和消除致病因素。这种损伤和抗损伤现象贯穿于疾病的始终，如细菌感染后产生毒素，引起机能障碍和机体损伤，机体通过升高体温、加快血流、清除病原和免疫等方式抗损伤。

4. 疾病使家畜的生产能力降低

患病时，由于机体的适应能力降低，机体内部的机能、代谢和形态结构发生障碍和被破坏，必然导致动物生产能力和经济价值降低，即产蛋、乳、毛量，繁殖率等均有不同程度的降低。

二、疾病的分类

1. 按病程长短分类

最急性型：特征是突然死亡，死前无明显症状，死后病变不明显，病理过程为数小时，如炭疽，感染24h死亡。

急性型：病情进展快，数小时至2~3周，症状和病变明显。传染病流行初期多数呈急性经过。

亚急性型：病程3~6周，症状和病变较轻，介于急性型和慢性型之间，如疹块型猪丹毒。

慢性型：病程缓慢，6周至数年，症状不明显，日渐消瘦，如肺结核、人慢性乙型肝炎等。

2. 按病因分类

传染病：由病原微生物引起，包括病毒、细菌等。

寄生虫病：由各种寄生虫引起。

普通病：由非传染性因素引起，如中毒、营养缺乏、代谢病等。

3. 按系统分类

可分为消化系统疾病、呼吸系统疾病、心血管系统疾病和神经系统疾病等。

三、疾病的经过

疾病从发生、发展到结束的过程称为病程。疾病的发展过程有一定的阶段性，通常将病程分为 4 个阶段。

1) 潜伏期：从致病因素作用于机体开始到机体出现疾病的最初症状时为止，又称隐蔽期。不同疾病的潜伏期长短不一，如电击短得难以计算；狂犬病长达 1 年以上。

2) 前驱期：从出现最初症状开始到疾病的主要症状开始暴露时为止，又称先兆期。在本期出现的症状为一般症状，如精神沉郁、食欲减退、呼吸和心跳改变、发热等。

3) 临床期：指前驱期后，疾病的主要症状暴露的时期，又称明显期。此期出现特异性症状或典型症状，对疾病诊断有意义。例如，得破伤风的主要症状是全身痉挛，胃肠炎，出现呕吐、腹泻。

4) 转归期：经过临床期后，疾病进入结束阶段，又称终结期。

四、疾病的结局

疾病的结局有 3 种形式。

1. 完全痊愈

当致病因素的作用停止或消失后，机体的机能、代谢和形态结构恢复正常；疾病的症状完全消除，病理性调节被生理性调节取代，动物机体与外界环境之间及体内器官系统之间的协调关系得以重新建立；动物的生产能力彻底恢复正常水平，这种现象称为完全痊愈，如机能性疾病和比较小的外伤可完全痊愈。完全痊愈不是机体又回到病前的状态，是机体获得对抗疾病的抵抗力，如对疾病的免疫能力。

2. 不完全痊愈

疾病的主要症状虽然消失，但疾病发生时损伤的机能和组织器官的形态结构并未完全恢复，还留有某些损伤的残迹或持久的变化，如乳腺炎引起的乳腺增生，虽然炎症已消除，但增生组织长时间影响乳腺的机能。

3. 死亡

死亡是指生命活动的终结，分 3 个阶段。

1) 濒死期：机体各系统的机能发生严重障碍，中枢神经系统脑干以上部分处于深度抑制状态，表现为意识模糊或消失、反应迟钝、心跳微弱、血压降低、呼吸时断时续、括约肌松弛、大小便失禁。

2) 临床死亡期：主要标志是心跳和呼吸完全停止，反射消失，延髓处于深度抑制状态。此期为相对死亡，若抢救及时，可复活。

3) 生物学死亡期：是死亡的最后阶段，此时从大脑皮层开始到整个神经系统及其他各器官系统的新陈代谢相继停止，并出现不可逆转性变化。

第二节 疾病的原因

疾病是由多种因素作用于机体导致的，在这些因素中，有些因素能够引起疾病并赋予该病特征性，称为病因，又称致病因素；有些因素能够影响疾病的发生，但与疾病的特殊性无关，称为致病条件；还有些因素对疾病发生不起主导作用，但可促进疾病发生，即为诱因。例如，感冒的致病因素是病毒感染，但气候变化、劳累和身体抵抗力差可促进感冒发生，因此成为感冒的诱因。

病因与条件的关系：①原因在疾病发生中起决定性作用，而条件只是影响因素。②原因要在一定条件下才能致病。③原因与条件可相互转化。

研究疾病发生原因和条件的科学称为病因学。引起疾病的原因有很多，概括起来可以分为外因和内因两类。

一、外因

1) 生物性致病因素：包括细菌、病毒、寄生虫和真菌，引起传染病、寄生虫病、中毒和肿瘤。特点：①有一定的选择性，如鸡不感染炭疽杆菌，猪瘟病毒只传染猪等。②自始至终在疾病过程中起作用。③有传染性和可引起特异的免疫反应。

2) 化学性致病因素：包括强酸、强碱、重金属盐类、农药、有毒化学物质，代谢产生的毒素，导致中毒。特点：①有一定的选择性，如四氯化碳毒害肝。②有蓄积性，如重金属离子达一定量时才导致中毒。③在疾病整个过程中起作用。

3) 物理性致病因素：包括高低温、光能、电流、辐射、噪声、大气压的改变，导致的疾病比较复杂。

4) 机械性致病因素：指机械力的作用，引起外伤。特点：①对组织无选择性。②仅对疾病发动起作用，不参与疾病过程。

5) 营养性致病因素：营养缺乏或过盛。前者引起缺乏症，后者引起中毒。

二、内因

疾病发生的内因是指机体本身的生理状态，主要包括两方面：一方面是机体对外界致病因素的反应性；另一方面是机体对外界致病因素的防御能力。

（一）机体的反应性

机体的反应性是指机体对各种刺激的反应特性。机体的反应性主要与以下因素有关。

1) 种属：不同种属的动物，对同一致病因素的反应性是不一样的，如马不感染猪瘟病毒，牛不感染鼻疽假单胞菌。

2) 年龄：幼龄和老龄动物，前者抵抗力低，后者抵抗力减弱，都易患病。

3) 性别：性别不同，内分泌有不同特点，对致病因素的反应性就不同，如牛和鸡患白血病，通常雌性发病率高。

4) 个体：不同个体，抗病力不同。例如，同一舍鸡患病时，有的轻，有的重。

（二）机体的防御能力

1) 外部屏障：主要由皮肤、黏膜及其附属腺体、皮下组织与骨骼和肌肉等组成。外部屏障是机体的第一道防线，可以有效地阻挡外界致病因素的入侵，并能缓解致病因素的致病作用。

2) 内部屏障：包括淋巴结、各种吞噬细胞、肝、肾、血管屏障、血脑屏障和胎盘屏障。

淋巴结：有吞噬病原微生物、阻挡其扩散的作用。

吞噬细胞：主要包括中性粒细胞和巨噬细胞，可吞噬和杀灭病原微生物。

肝：主要的解毒器官。

肾：主要的排毒器官。

血管屏障：血管内皮细胞及周围结构有屏障作用，可阻止致病物质扩散。

血脑屏障：可阻止致病物质进入脑内。

胎盘屏障：阻止致病物质入侵胎儿。

3）遗传性因素：主要涉及与遗传有关的疾病。

三、诱因

疾病发生除了内、外因之外，还需要发病的条件，即所谓的诱因，包括疾病发生的自然条件和社会因素。

1）社会因素：是指社会对疾病发生的影响，包括社会制度、科技水平、社会环境等。例如，1938~1941 年牛瘟流行，死牛 100 头，而 1954 年全国消灭牛瘟。

2）自然因素：是指季节、气候、地区等自然环境对疾病的影响。例如，低温诱发风湿，寒冷时易患呼吸道病等。

第三节　发　病　学

发病学主要研究疾病发生、发展过程中的一般规律和共同的机制。

一、疾病发生、发展的一般规律

疾病发生、发展过程中普遍存在的基本规律。

1. 损伤与抗损伤

任何致病因素可引起机体损伤，导致疾病发生，此时机体会调动一切条件来对抗这种损伤，因此，疾病的过程就是损伤与抗损伤的斗争过程。疾病的发展取决于双方力量的对比，损伤＞抗损伤，病情加重，疾病恶化；损伤＜抗损伤，病情缓解，逐渐痊愈；损伤＝抗损伤，迁延不断，转为慢性。例如，感冒导致上呼吸道损伤，机体通过流鼻液、咳嗽、发热和加强单核巨噬系统功能来对抗损伤。因此在疾病的诊治过程中，应加强抗损伤作用，减少损伤。

2. 因果交替

在疾病发展过程中，原始致病因素作用于机体后造成的结果，在一定条件下常会成为后续病理变化的原因，这样原因和结果相互转换和交替，推动疾病的发展。例如，外伤会导致出血，出血引起休克甚至危及生命。针对具体疾病，应设法切断某一环节，打破这种恶性循环。

3. 局部与整体

任何疾病是完整机体的反应，只是有时在某一局部表现得较为明显。脓肿是局部症状，但可以引起白细胞增多和发热等全身症状，又如发热（全身症状）可导致皮肤充血发红（局部症状）。在针对具体疾病时，处理好局部与整体的关系，不能"头痛医头，脚痛医脚"。

二、疾病发生的基本机制

发病机制就是致病因素是如何导致疾病发生的。

1. 组织细胞机制

致病因素直接作用于组织器官，或者致病因素进入机体后，有选择地作用于某些器官，造成组织细胞损伤和功能紊乱，导致疾病的发生，如高温直接损伤细胞。

2. 神经机制

致病因素直接损伤神经组织或引起神经功能障碍，从而导致疾病发生，如马立克病就是病毒侵害鸡坐骨神经，导致其瘫痪。

3. 体液机制

有些致病因素可引起体液的质和量发生变化，破坏内环境的稳定，导致疾病的发生，如出血引起失血性休克。

4. 分子机制

致病因素作用于生物大分子，引起其结构和构型的改变，导致疾病的发生，如疯牛病是由细胞膜上蛋白质分子发生构型改变所致。

第二章
局部血液循环障碍

血液循环正常是机体完成新陈代谢和机能活动的基本条件之一。维持组织细胞的健康状态不仅需要血液循环运输氧气及营养，而且需要保持体液平衡。在正常情况下，血管内血容量，血液的凝固性，血管壁的完整性、通透性，血管内外的渗透压等在一定的生理范围内波动，并达到相应的平衡，一旦发生失衡，并超过了生理调节范围，即可引起血液循环障碍。

血液循环障碍可分为全身性和局部性两类。全身血液循环障碍由心血管系统的疾病或血液本身性状的改变造成。局部血液循环障碍多由局部因素引起，表现为某一局部组织或器官的血液循环障碍，亦可以是全身血液循环障碍的局部表现，特别是和全身血液循环有关的器官如心脏发生了血液循环障碍时常影响全身血液循环。相反，全身血液循环障碍亦可表现为局部组织器官的血液循环障碍，如右心衰竭时在肝的局部表现。

本章主要阐述局部血液循环障碍，局部血液循环障碍是指某个器官或局部组织的血液循环异常，包括：①局部循环血量的异常（充血和缺血）；②血液性状和血管内容物的异常（血栓形成、栓塞，可引起梗死，在此一并叙述）；③血管壁通透性和完整性改变（出血）。

第一节 充血和淤血

充血（hyperemia）是指器官或局部组织血液含量增多的现象，可分为动脉性充血（arterial hyperemia）和静脉性充血（venous hyperemia）（图 2-1）。

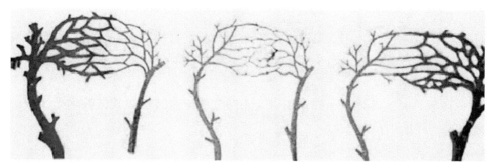

动脉性充血　　　　　　　　正常供血　　　　　　　　静脉性充血

▲ 图2-1　血液循环障碍与正常血液循环比较

一、动脉性充血

由于动脉扩张导致局部组织器官中血量增多的现象称为动脉性充血，又称主动性充血（active hyperemia），简称充血，可分为生理性和病理性充血。

生理性：在生理状态下组织器官机能加强引起的充血，如采食后胃肠充血（图2-2）、劳役后肌肉充血等。

病理性：在致病因素作用下充血，如炎性充血（图2-3）等。

▲ 图2-2　胃黏膜生理性充血

▲ 图2-3　胃黏膜病理性充血

（一）原因和机制

原因：包括机械、物理、化学、生物性因素等。所有致病因素达到一定的强度均可引起充血。

机制：包括两种。

神经反射：各种因素通过神经作用使血管舒张神经兴奋性增高或血管收缩神经兴奋性降低，引起小动脉扩张、血流加快，导致动脉血输入微循环的灌注量增多。

体液机制：多种因子的作用引起组胺、缓激肽等舒血管活性物质释放，导致小动脉扩张充血。

（二）充血类型

1）炎性充血：发炎局部受到炎性物质刺激发生的充血。

2）刺激性充血：温热、摩擦、酸碱等刺激引起的充血。

3）贫血后充血：局部受到压迫造成一时贫血，解除压迫后会发生局部充血。

4）侧支性充血：某动脉发生阻塞，相邻侧支循环扩张而充血。

（三）病理变化

眼观：充血的器官体积增大，颜色鲜红，温度升高，表面血管有搏动感（图 2-4）。

镜检：可见小动脉和毛细血管扩张，管腔内充满红细胞（图 2-5）。

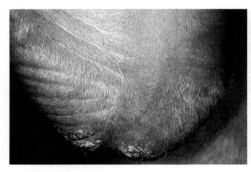 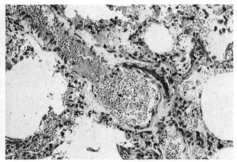

▲ 图 2-4 皮肤充血　　　　　　　▲ 图 2-5 肺血管充血

（四）后果

动脉性充血是短暂的血管反应，原因消除后，局部血量恢复正常，通常对机体无不良后果。

二、静脉性充血

由于静脉回流受阻，局部组织器官的静脉血量增多的现象称为静脉性充血，又称被动性充血（passive hyperemia），简称淤血（congestion）。

（一）原因和机制

1）静脉受压：静脉受压使管腔狭窄或闭塞，血液回流受阻，导致组织器官淤血，如肠扭转引起局部肠管淤血（图 2-6）。

2）静脉腔阻塞：血栓或栓塞阻塞静脉，引起淤血。

3）心力衰竭：心脏不能把血液排出，在心腔内滞留，导致静脉回流受阻，造成淤血。左心衰竭引起肺淤血（图 2-7）；右心衰竭引起全身淤血。

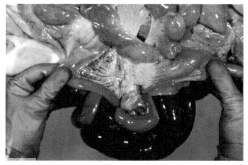
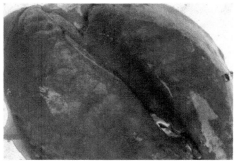

▲ 图 2-6　肠淤血　　　　　　　▲ 图 2-7　肺淤血

（二）病理变化

眼观：淤血器官体积增大，颜色暗红或蓝紫，皮肤和可视黏膜淤血称发绀，温度降低（图 2-8）。

镜检：小静脉和毛细血管扩张，管腔内有大量红细胞（图 2-9）。

（三）后果

淤血可发生于局部，亦可发生于全身，其对机体的影响取决于淤血的范围、部位、程度、发生速度及侧支循环建立的状况。

较长期的淤血使局部组织缺氧、营养物质供应不足和中间代谢产物堆积，损害毛细血管壁使其通透性增高，以及淤血时小静脉和毛细血管流体静压升

 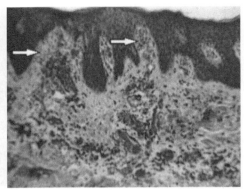

▲ 图2-8　皮肤发绀（源自 Cornell University College of Veterinary Medicine）　　▲ 图2-9　皮肤血管扩张

高，引起局部组织出现：①水肿和漏出性出血；②实质细胞萎缩、变性甚至坏死；③间质结缔组织增生甚至形成淤血性硬化。静脉性充血比动脉性充血多见，具有重要的临床意义。

1）肝淤血：多见于右心衰竭。

眼观：急性肝淤血时，肝体积增大，被膜紧张，边缘钝圆，颜色暗紫，质地较实，切开流出大量紫红色液体（图2-10）。

镜检：小叶中央静脉和周围肝窦扩张，充满红细胞，小叶中央少数肝细胞出现脂肪变性，但小叶外周肝细胞由于邻近血管而含氧量较高，细胞变性不明显（图2-11）。

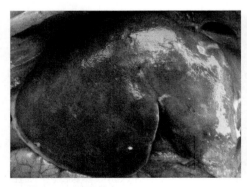 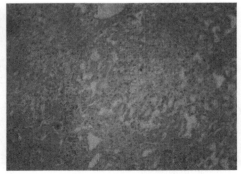

▲ 图2-10　肝淤血　　　　　　　　▲ 图2-11　肝组织淤血

慢性肝淤血时，由于淤血的肝组织伴发脂肪变性，在切面可见到红黄相间的条纹，状如槟榔切面花纹（图2-12），故称槟榔肝（nutmeg liver）。镜检肝细胞有脂肪变性（图2-13）。

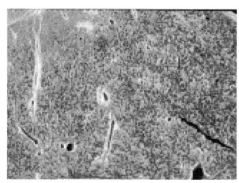
▲ 图2-12 槟榔肝

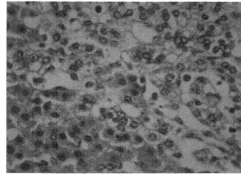
▲ 图2-13 肝脂肪变性

2）肺淤血：多见于左心衰竭。

眼观：肺体积膨大，呈暗红色或蓝紫色，质地柔韧，重量增加，切一块肺组织放在水中呈半浮半沉状态（图2-14）。切开肺，切面暗红色，流出暗红色液体。若血浆进入肺泡内，支气管中会有白色或淡红色泡沫样液体（图2-15）。

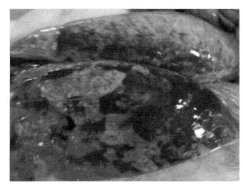

▲ 图2-14 肺淤血

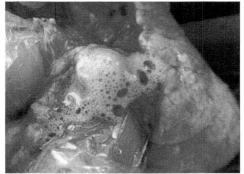
▲ 图2-15 气管中泡沫样液体

镜检：肺内小静脉及肺泡壁毛细血管扩张，充满红细胞；慢性肺淤血时，肺泡内有大量红细胞（图2-16）。常在肺泡腔内见到吞噬红细胞的巨噬细胞，血红蛋白在巨噬细胞内转化为含铁血黄素，这些细胞多见于心力衰竭的病例，因此，又把胞质中有含铁血黄素的巨噬细胞称心衰细胞（heart failure cell）（图2-17）。

3）肾淤血：多见于右心衰竭。

眼观：肾体积增大，颜色暗红，被膜上细小血管呈细网状扩张，切开流

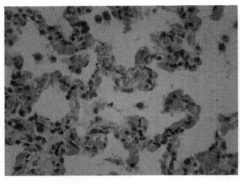

▲ 图 2-16 肺淤血

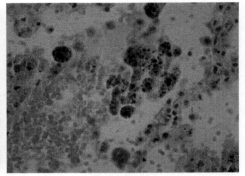

▲ 图 2-17 心衰细胞

出暗红色液体，皮质因变性而呈红黄色，髓质因弓状静脉淤血而呈暗紫色，故皮质和髓质界限清楚（图 2-18）。

镜检：肾小球和肾小管周围毛细血管扩张，充满红细胞（图 2-19）。

▲ 图 2-18 肾淤血

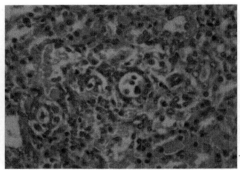

▲ 图 2-19 肾组织淤血

第二节　出　血

血液流出心脏或血管以外的现象称为出血（hemorrhage）。血液流至体外称为外出血，流入组织间隙或体腔内则称为内出血。

（一）原因和机制

出血的直接原因是血管壁损伤，根据血管壁损伤程度不同分为破裂性出血（图 2-20）和渗出性出血（图 2-21）。

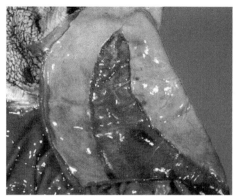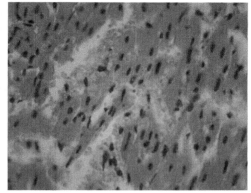

▲ 图2-20 破裂性出血　　　　　　　▲ 图2-21 肌组织渗出性出血

1. 破裂性出血

由心脏和血管壁破裂引起的出血，有以下3种。

1）机械性损伤：刺伤、咬伤时，血管壁破裂，血液流出血管外。

2）侵蚀性损伤：在炎症、肿瘤、坏死、溃疡等发生过程中，血管壁受到周围病变的侵蚀，引起血管壁损伤而出血。

3）血管壁发生病理变化：在动脉瘤、动脉硬化等病变基础上，当血压突然升高时，常导致血管壁破裂。

2. 渗出性出血

由于小血管壁的通透性增高，血液通过扩大的内皮细胞间隙和损伤的血管基底膜而缓慢地渗出到血管外。

1）淤血和缺氧：淤血和缺氧会导致代谢产物堆积，使毛细血管内皮细胞变性或基底膜损伤；淤血时静脉回流受阻，流体静压升高，促进红细胞渗出血管外。

2）感染和中毒：感染和中毒可导致血管壁通透性增高而引起渗出性出血。

3）过敏反应：对药物和饲料产生过敏反应可引起毛细血管壁损伤。

4）维生素C缺乏：维生素C缺乏，血管基底膜黏合质形成不足，影响血管完整性，从而引起出血。

5）血液性质改变：任何原因引起的血液中血小板和凝血因子不足，均可引起渗出性出血。

（二）病理变化

1. 内出血

1）血肿：在组织中局限性出血称为血肿。常发生在皮下、肌间、黏膜下、浆膜下和脏器内，界限清楚，颜色暗红或黑红，时间稍久的血肿外有被膜（图2-22）。

2）淤点和淤斑：渗出性出血时，出血灶呈针头大的点状（<1mm），称为出血点或淤点（图2-23）。出血灶呈近似圆形或不规则形斑块状（1mm~1cm）者，称为出血斑或淤斑。常见于皮肤、黏膜、浆膜和脑实质（图2-24）。

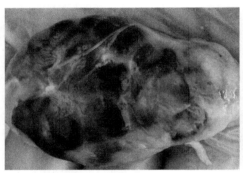
▲ 图2-22　淋巴结血肿

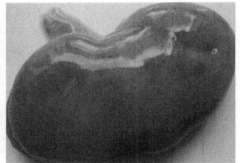
▲ 图2-23　肾表面的淤点

3）积血：指外流的血液进入体腔或管腔内。积血常有凝血块，如心包积血、胸腔积血和腹腔积血（图2-25）。

▲ 图2-24　心肌表面的淤斑

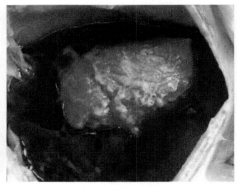
▲ 图2-25　胸腔积血

4）溢血：指伴有组织破坏的出血，如脑溢血（图2-26）。

5）出血性素质：指机体有全身性渗出性出血倾向，表现为全身皮肤、黏膜、浆膜、各内脏器官都可见出血点（图2-27）。多见于传染病、中毒等。

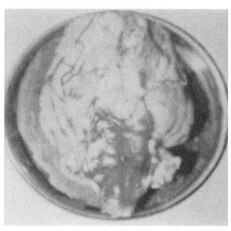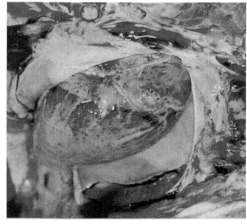

▲ 图2-26　脑溢血　　　　　　　▲ 图2-27　出血性素质

2. 外出血

1）咯血和咳血：肺和气管出血。

2）吐血和呕血：消化道出血，经口排出。

3）便血：消化道出血，经肛门排出。

4）尿血：泌尿道出血，经尿液排出。

3. 后果

动物体具有止血的功能，一般缓慢的小量出血，多可自行止血，主要通过局部受损血管发生反射性收缩，或血管受损处血小板黏集，经凝血过程形成血凝块，阻止继续出血。在局部组织内的血肿或体腔内的血液，可通过吸收、机化或纤维包裹而制止继续出血。

出血对机体的影响取决于出血类型、出血量、出血速度和出血部位。破裂性出血，若出血过程迅速，在短时间内丧失循环血量20%~25%，可发生出血性休克。渗出性出血，若出血广泛，亦可导致出血性休克。若出血量虽然不多，但发生在重要器官，亦可引起严重的后果，如心脏破裂引起心包积血，由于心包填塞，可导致急性心功能不全。

第三节　血栓形成和栓塞

一、血栓形成

活体心脏或血管内血液凝固或血液中某些成分析出并凝集形成固体团块的过程称血栓形成（thrombosis），形成的固体团块称血栓（thrombus）。

（一）血栓形成条件和机制

在生理条件下，血液中凝血因子和抗凝血因子水平保持动态平衡，一旦平衡破坏，凝血因子水平超过抗凝血因子，血液就会凝固，形成血栓。

1. 心血管内膜损伤

心脏和血管内膜损伤后变得粗糙不平，内膜下的胶原纤维暴露，一是激活凝血因子XII，导致内源性凝血系统启动；二是释放凝血因子III，激活外源凝血系统。

临床上，引起血管内膜损伤的原因包括炎症、结扎、缝合、穿刺、肿瘤等。

2. 血流状态改变

血流速度变慢使处于轴流的血液中血小板进入边流，增加了血小板与内膜接触的机会；再者血流变慢，局部凝血因子会达到有效浓度，导致凝血发生。

临床上，造成血流变慢的原因包括淤血、动脉瘤和炎性充血。

3. 血液凝固性增高

血液凝固性增高是指血液处于易于发生凝固的状态，通常是由凝血因子激活和血小板增多所致。

严重创伤、分娩或手术后，血液中血小板增多，凝血因子激活。肿瘤造成组织损伤后释放大量凝血因子。

（二）血栓形成过程

首先是血小板黏附于内膜损伤后裸露的胶原表面，血小板被胶原激活，血小板发生变形，随后释放腺苷二磷酸（ADP）、血栓素 A2，使血小板不断地在局部黏附，此时血小板黏附是可逆的。随着内源性和外源性凝血途径的启动，纤维蛋白原转变为纤维蛋白，与受损内膜处基质中纤维连接蛋白结合，使黏附的血小板牢牢固定在血管内膜表面，成为不可逆的血小板血栓，是血栓的起始点，故又称血栓头。

血小板血栓形成后，突入管腔，引起局部血流变慢，形成涡流运动，周边又有大量血小板析出、凝集，形成许多珊瑚状的血小板脊，称为血小板小梁。小梁之间血流缓慢，凝血系统被激活，发生凝血过程，纤维蛋白形成，网罗大量红细胞和白细胞，形成红白相间的层状结构，称为混合血栓，构成血栓体。

随着血管内混合血栓的形成和逐渐增大，当管腔被阻塞后，局部血流停止，血液发生凝固，形成条索状血凝块，称为红色血栓，构成血栓尾（图 2-28）。

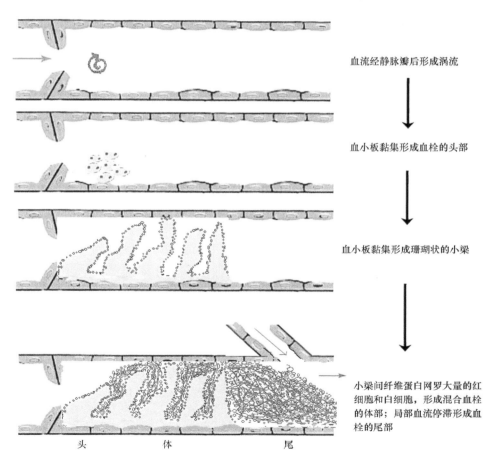

血流经静脉瓣后形成涡流

血小板黏集形成血栓的头部

血小板黏集形成珊瑚状的小梁

小梁间纤维蛋白网罗大量的红细胞和白细胞，形成混合血栓的体部；局部血流停滞形成血栓的尾部

头　　　　　体　　　　　尾

▲ 图 2-28　血栓形成过程示意图

（三）血栓类型和形态

1）白色血栓：常位于血流较快的心瓣膜、心腔内、动脉内。特点是颜色白，故称白色血栓，又称血栓头。

眼观：呈灰白色小结节或赘生物状，表面粗糙，实质与血管紧密黏着不易脱落（图2-29）。

镜检：主要由血小板和少量纤维蛋白构成（图2-30）。

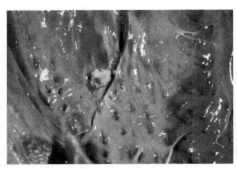
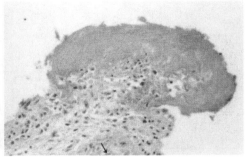

▲ 图2-29 血小板血栓（源自 Cornell University College of Veterinary Medicine）

▲ 图2-30 白色血栓

2）混合血栓：是白色血栓的延续，构成静脉血栓的主体，故又称血栓体。

眼观：粗糙圆柱状，与血管壁粘连，呈灰白色与褐色相间的条纹状（图2-31）。

镜检：主要由淡红色无结构的呈分支状或不规则珊瑚状血小板小梁和充满小梁间纤维蛋白网的红细胞所构成，血小板小梁边缘可见有中性粒细胞附着（图2-32）。

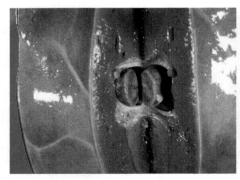
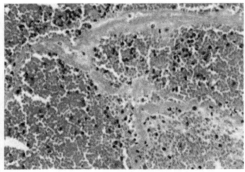

▲ 图2-31 混合血栓（眼观）（源自 Cornell University College of Veterinary Medicine）

▲ 图2-32 混合血栓（镜检）

3）红色血栓：与血液在体外凝固相同。

眼观：呈暗红色，新鲜时湿润，有一定弹性，与血管壁无粘连，与机体死亡后的凝血相似。经过一定时间后，血栓由于水分被吸收而变得干燥、无弹性、质脆易碎（图2-33）。

镜检：在纤维蛋白网眼内充满血细胞，绝大多数为红细胞和呈均匀分布的白细胞（图2-34）。

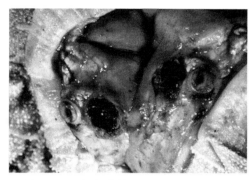
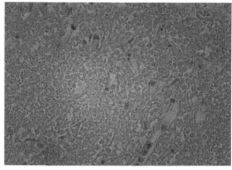

▲ 图2-33 红色血栓（眼观）（源自 Cornell University College of Veterinary Medicine）　▲ 图2-34 红色血栓（镜检）

4）透明血栓：是指在微循环血管内形成的一种均质无结构并有玻璃样光泽的微型血栓。只有在显微镜下才能看到，主要由纤维蛋白或嗜酸性、均质半透明物质构成（图2-35）。

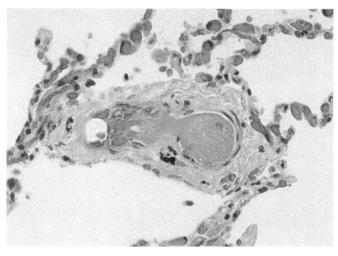

▲ 图2-35 透明血栓（微型血栓）

（四）结局

1. 血栓软化、溶解和吸收

血栓形成后，血栓内纤维蛋白溶解酶和白细胞崩解释放的蛋白酶，可使血栓软化并逐渐溶解。小的新鲜的血栓可被快速完全溶解吸收；大的血栓多为部分软化。若被血液冲击形成碎片或脱落，则可形成栓塞。

2. 机化与再通

较大而未完全溶解的血栓，1~2天后被从血管壁长出的肉芽组织取代，称血栓机化（图2-36）。机化后血栓水分被吸收，血栓中出现裂隙，由血管上皮细胞覆盖，形成数条小血管，从而使部分血流得以恢复，这种现象称再通（图2-37）。

▲ 图2-36　血栓机化　　　　　　▲ 图2-37　血栓再通

3. 钙化

少数不能软化和机化的血栓，可由钙盐沉着而逐渐钙化，形成结石。

二、栓塞

在循环的血流中出现的不溶于血液的物质，随血液运行并引起血管阻塞的过程称栓塞（embolism），引起栓塞的异常物称栓子（embolus）。

栓塞种类

1）血栓性栓塞：由血栓脱落引起的栓塞。

2）脂肪性栓塞：由脂肪滴进入血液并阻塞血管引起的栓塞，如由骨折、脂肪组织挫伤等导致（图2-38）。

3）空气性栓塞：由空气或其他气体进入血流，在血流中形成气泡阻塞血管引起的栓塞。常由注射、输液时空气未排净导致。

4）组织性栓塞：由组织碎片和细胞团块进入血液引起的栓塞，如由组织损伤、坏死或肿瘤等导致（图2-39，图2-40）。

5）细菌性栓塞：由细菌团块进入血液引起的栓塞，如由败血症和脓毒败血症等导致（图2-41）。

6）寄生虫性栓塞：由某些寄生虫或虫卵进入血液引起的栓塞。

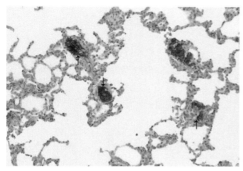

▲ 图2-38　脂肪性栓塞

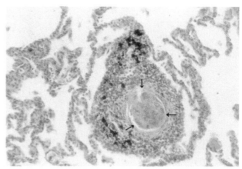

▲ 图2-39　肿瘤性栓塞

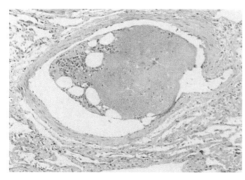

▲ 图2-40　骨髓组织性栓塞

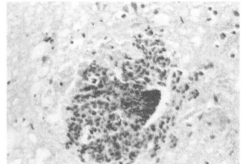

▲ 图2-41　细菌性栓塞

第四节　贫血和梗死

一、贫血

局部贫血（local anemia）是指局部组织或器官血液供应不足。如果血液供应完全断绝，称为局部缺血（ischemia）。

（一）原因和机制

1. 动脉管腔狭窄和阻塞

引起动脉管腔狭窄的原因有动脉炎、血栓、栓塞等。

2. 动脉痉挛

一些理化因素可反射性引起动脉痉挛、收缩，如寒冷、创伤、麦角中毒、注射肾上腺素等。

3. 动脉受压迫

受外力的压迫所致，如肿瘤、绷带等。

（二）病理变化

眼观：缺血的器官失去原来的色彩，可视黏膜、皮肤苍白，器官体积缩小，被膜皱缩（图2-42，图2-43）。

 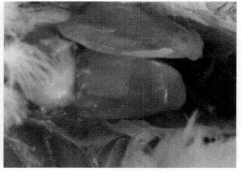

▲ 图2-42　鸡冠苍白　　　　▲ 图2-43　鸡贫血肝颜色变淡

二、梗死

梗死（infarction）是指局部组织或器官因动脉断流而发生的坏死。

（一）原因

与贫血相同，只是程度更严重。

（二）病理变化

梗死灶一般都具有一定形状，这与器官的血管分布有关，由小叶构成的器官如肾、脾梗死灶为锥体形，心肌为不规则形，肠管为节段状。梗死灶与周围健康组织界限明显，常有明显的红色反应带（图2-44）。

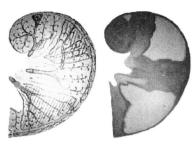

▲ 图2-44 肾动脉分支栓塞及肾贫血性梗死

梗死根据颜色和血量的多少分为贫血性梗死（白色梗死）和出血性梗死（红色梗死）。

1. 贫血性梗死

见于肾、心脏和脾等侧支循环不丰富的器官。梗死灶内呈缺血状态，为白色，因此又称为白色梗死。

（1）肾梗死

眼观：梗死灶分布于皮质，灰白或灰黄色，稍隆起，与周围界限清楚，有红色反应带（图2-45）。

镜检：肾小管上皮细胞核崩解、消失，胞质颗粒变性，但轮廓尚存（图2-46）。

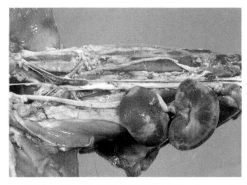

▲ 图2-45 肾梗死（眼观）（源自 Cornell University College of Veterinary Medicine）

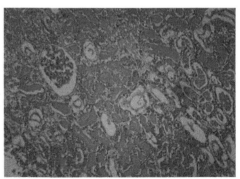

▲ 图2-46 肾梗死（镜检）

（2）脾梗死

眼观：梗死多发生于脾的边缘，有时为单个或多个病灶，病灶颜色变浅（图2-47）。

镜检：脾的红髓结构消失，取而代之是一片红染（图2-48）。

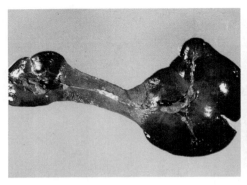

▲ 图 2-47　脾梗死（眼观）（源自 Cornell University College of Veterinary Medicine）

▲ 图 2-48　脾梗死（镜检）

（3）心肌梗死

眼观：梗死的心肌颜色变浅（图 2-49）。

镜检：肌细胞胞质嗜伊红性增高，均质红染，肌细胞变长、变细，核消失（图 2-50）。

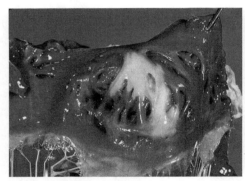
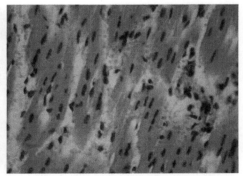

▲ 图 2-49　心肌梗死（眼观）（源自 Cornell University College of Veterinary Medicine）

▲ 图 2-50　心肌梗死（镜检）

2. 出血梗死

见于肠、肺侧支循环较丰富的器官，在梗死灶内同时伴有明显出血，故为红色，又称红色梗死。

（1）肺梗死

眼观：梗死灶为紫红色，质地稍硬（图 2-51）。

镜检：组织原来的结构消失，充满大量红细胞（图 2-52）。

▲ 图 2-51 肺梗死（眼观）(源自 Cornell University College of Veterinary Medicine)

▲ 图 2-52 肺梗死（镜检）

（2）肠梗死

眼观：肠管高度淤血，呈污浊的暗红色，浆膜及黏膜有出血斑点（图 2-53）。

镜检：肠管各层均出血，以黏膜下层最明显（图 2-54）。

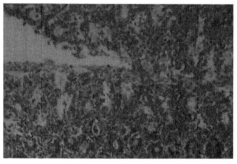

▲ 图 2-53 肠梗死（眼观）

▲ 图 2-54 肠梗死（镜检）

（三）梗死对机体的影响和结局

梗死对机体的影响，取决于发生梗死的器官、梗死灶的大小和部位。肾、脾的梗死一般影响较小；心肌梗死影响心脏的功能，严重者可导致心力衰竭甚至急性死亡；脑梗死出现其相应部位的功能障碍，梗死灶大者可致死。

梗死灶形成时，引起病灶周围的炎症反应，血管扩张充血，有中性粒细胞及巨噬细胞渗出，继而形成肉芽组织，在梗死发生 24~48h，肉芽组织已开始从梗死灶周围长入病灶内，小的梗死灶可被肉芽组织完全取代机化，日久变为纤维瘢痕。大的梗死灶不能被完全机化时，则由肉芽组织和日后转变成的瘢痕组织加以包裹，病灶内部可发生钙化。

第三章
水盐代谢及酸碱平衡紊乱

水分占动物体重60% ~ 70%，大部分（2/3）存在于细胞内，少部分（1/3）存在于细胞外。细胞外液主要包括血浆、细胞间液。在正常情况下，血浆、细胞间液、细胞内液处于动态平衡中。若平衡被破坏，水分布出现紊乱，细胞间液增多会引起水肿、水中毒和盐中毒；若细胞间液减少，则引起脱水。

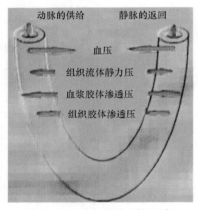

▲ 图3-1 影响滤过压的因素

一、影响细胞间液形成的因素

细胞间液的生成与回流取决于毛细血管的有效滤过压。有效滤过压 = 有效流体静压 − 胶体渗透压 =（毛细血管动脉端流体静压 − 细胞间液流体静压）−（血浆胶体渗透压 − 细胞间液胶体渗透压）。

若有效滤过压为正值，水和无机盐进入组织间液，若为负值，组织间液的水和无机盐返回血液（图3-1）。

二、与水盐代谢有关的激素

1. 抗利尿激素

抗利尿激素（antidiuretic hormone，ADH）由下丘脑视上核分泌，主要作用是增加肾远曲小管和集合管对水的重吸收，使尿量减少。

1）血浆晶体渗透压升高刺激丘脑渗透压感受器，引起 ADH 释放。

2）有效循环血量减少刺激左心房或心腔大静脉感受器反射，引起 ADH 释放。

相反，晶体渗透压降低和有效循环血量减少可使 ADH 分泌减少（图 3-2）。

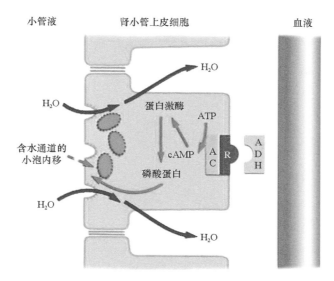

▲ 图 3-2 ADH 的调节作用

2. 醛固酮

肾上腺皮质多形区细胞分泌的一种盐皮质激素——醛固酮（aldo-sterone，ADS），主要促进远曲小管和集合管对 Na^+ 的主动重吸收；并通过 Na^+-K^+ 泵和 Na^+-H^+ 交换通道达到保 Na^+、排 K^+ 和 H^+ 的目的。

1）肾血流量减少刺激肾球旁细胞分泌肾素，相继引起血管紧张素 I、II、III 分泌增多，刺激多形区细胞分泌 ADS。

2）血浆中 Na^+ 降低或 K^+ 升高也可导致 ADS 分泌增多（图 3-3）。

3. 心钠素

心钠素（cardionatrin）是哺乳动物心房肌细胞合成的一种多肽类激素。其抑制肾集合管对 Na^+ 的重吸收，抑制肾素、ADS 分泌，有较强排 Na^+、利尿作用。血容量增加刺激心钠素促进水和 Na^+ 排出，反之亦然。

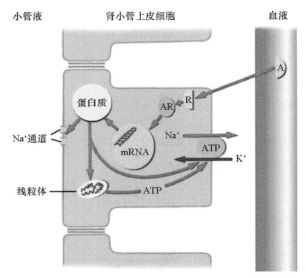

▲ 图 3-3 ADS 的调节作用

第一节 水 肿

等渗性液体在组织间隙积聚过多称水肿（edema），低渗性液体在组织间隙积聚过多称水中毒，高渗性液体在组织间隙积聚过多称盐中毒。正常时浆膜腔内有少量液体，当大量液体在浆膜腔积聚时称为积水（hydrops）。

（一）原因和机制

1. 毛细血管血压升高

当毛细血管血压升高，有效滤过压升高，血浆的液体向组织间隙扩散。
引起毛细血管血压升高的因素如下。

1）局部静脉血栓、肿瘤压迫、肝硬化引起局部淤血，毛细血管血压升高，局部水肿。

2）心功能不全、静脉回流受阻引起局部淤血，毛细血管血压升高，全身水肿。

2. 血浆胶体渗透压降低

血浆胶体渗透压主要是由血浆蛋白浓度决定的。血浆蛋白减少，胶体渗透压会降低，有效滤过压降低，液体进入组织间隙。

引起蛋白质浓度降低的因素如下。

1）营养不良：饲料中缺乏蛋白质。

2）肝功能不全：蛋白质合成发生障碍。

3）肾功能不全：大量白蛋白随尿液丢失。

4）烧伤：血浆渗出，大量血浆蛋白丢失。

3. 毛细血管通透性增高

毛细血管通透性升高，大量的血浆蛋白进入组织间隙，引起有效滤过压升高。

引起毛细血管通透性升高的因素如下。

1）组织缺氧：酸性代谢产物增多，损伤血管基底膜，血管通透性升高。

2）炎症：炎症时产生一些活性物质，使血管通透性升高。

3）细菌感染：细菌释放一些毒素，使血管通透性升高。

4）外伤：直接破坏血管完整性。

5）维生素C缺乏：影响血管黏合质的形成。

4. 淋巴回流受阻

细胞间液中部分蛋白质经淋巴管回流到血液，淋巴回流受阻，大量蛋白质蓄积在细胞间隙，有效滤过压升高。

引起淋巴回流受阻的因素如下。

1）肿瘤压迫。

2）心功能不全。

5. 组织液胶体渗透压升高

组织液渗透压升高，有效滤过压随之升高。

引起组织液胶体渗透压升高的因素：炎症、缺氧、烧伤等，使组织细胞分解增多，组织液胶体渗透压升高。

6. 水、钠潴留

肾功能不全，钠和水不能排出，蓄积在组织间隙内。

（二）水肿类型

1. 心性水肿

心性水肿指由心功能不全引起的全身性或局部性水肿。

1）水、钠潴留：心功能不全，血输出量降低，肾小球滤过率降低；有效血量降低，导致抗利尿激素、醛固酮分泌增多，促进水、钠的吸收。

2）毛细血管血压升高。

3）淋巴回流受阻。

临床上，由于重力的作用，身体较低部位水肿，如四肢、胸腹下部、肉垂、阴囊等。

2. 肾性水肿

肾性水肿指由肾功能不全引起的水肿。

1）肾排水、排钠减少：急性肾小球肾炎时，肾小球滤过率降低，引起少尿或无尿。

2）血浆胶体渗透压降低：肾小球肾炎破坏基底膜，蛋白质滤出增多。

3）毛细血管通透性升高：肾功能不全，代谢产物蓄积，不能及时排出，引起毛细血管通透性升高。

临床上，机体组织疏松部位水肿，如眼睑、阴囊等处。

3. 肝性水肿

肝性水肿指由肝功能不全引起的全身性水肿。

1）肝静脉回流受阻：肝硬化时，压迫肝静脉和门静脉，造成回流受阻。

2）血浆胶体渗透压降低：肝功能不全，影响蛋白质合成。

3）水、钠潴留：肝功能不全，ADH、ADS 等灭活减弱，造成水、钠潴留。

临床上，常见腹水。

4. 肺水肿

在肺泡或肺泡间蓄积大量体液时称肺水肿。

1）肺泡壁毛细血管和肺泡上皮损伤：毒物或感染破坏肺泡上皮及血管上皮，使之通透性升高。

2）肺毛细血管血压升高：左心功能不全，肺静脉回流受阻。

3）输液：大量输液，血浆渗透压降低，引起肺水肿。

临床上，表现为呼吸困难。

5. 脑水肿

由脑组织中体液含量增多引起的脑容积扩大称为脑水肿。

1）毛细血管通透性升高：脑炎、外伤、出血、栓塞等导致毛细血管损伤，通透性增强。

2）细胞膜钠泵机能障碍：缺氧、窒息、休克等引起 Na^+- K^+-ATP 酶活性降低，Na^+ 不能泵出，导致细胞内水肿。

3）脑脊液循环障碍：脑脊液由侧脑室脉络丛上皮细胞分泌产生，进入脑室进行循环。发生脑膜炎时，分泌能力增强，脑脊液生成增多。寄生虫、肿瘤阻塞脑脊液循环。

临床上，有神经症状。

6. 炎性水肿

炎性水肿指由局部组织发炎引起的水肿。

1）发炎局部充血、淤血，引起淤血性水肿。

2）炎灶内细胞和组织分解产物增加，渗透压升高。

3）炎性产物使血管通透性升高。

7. 恶病质性水肿

恶病质性水肿指由慢性消耗性疾病导致蛋白质消耗增多、血浆胶体渗透压降低引起的水肿，如由慢性饥饿、慢性传染病、寄生虫病等导致。

临床上，表现为动物非常消瘦。

8. 淤血性水肿

淤血时，静脉压升高，引起水肿。另外，淤血时，代谢产物增多，血管通透性升高。

（三）病理变化

1. 皮下水肿

眼观：皮肤肿胀，颜色变淡，失去弹性，触之如面团，指压有压痕，切开有大量浅黄色液体流出，皮下组织呈胶冻样（图3-4，图3-5）。

▲ 图 3-4　皮肤肿胀

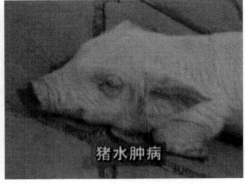
▲ 图 3-5　皮肤苍白

镜检：皮下组织纤维与细胞成分间距离增大，排列无序，有各种变性样变。

2. 肺水肿

眼观：肺体积变大，重量增加，被膜紧张，小叶间质明显、增宽，切面上流出大量白色泡沫样液体（图 3-6）。

镜检：肺泡壁毛细血管扩张，肺泡腔内出现多量粉红色浆液，其中混有少量脱落上皮细胞（图 3-7）。

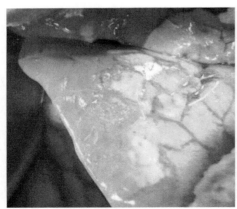

▲ 图 3-6　肺水肿

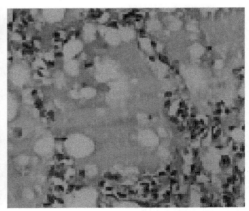
▲ 图 3-7　肺水肿组织病变

3. 脑水肿

眼观：软膜充血，脑回变宽且扁平，脑室扩张，脑脊液增多（图 3-8）。

镜检：脑膜和脑实质毛细血管充血，血管周围间隙扩张，神经细胞肿胀、体积变大、胞质内有大小不等小泡（图 3-9）。

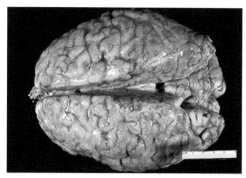
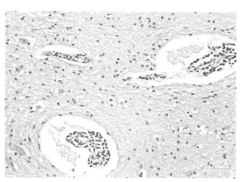

▲ 图 3-8　脑水肿（眼观）　　　　▲ 图 3-9　脑水肿（镜检）

4. 其他实质器官水肿

肝、心脏、肾等实质器官发生水肿时，水肿液蓄积在组织间隙内，器官自身的肿胀比较轻微，眼观不明显，只有进行镜检才能发现。

肝水肿：水肿液蓄积在狄氏间隙内，肝细胞与窦状隙分离，肝细胞萎缩，窦状隙缺血。

心脏水肿：水肿液出现于心肌纤维之间，心肌纤维彼此分离、萎缩。

肾水肿：水肿液蓄积在肾小管之间，间隙扩大，肾小管变性。

5. 浆膜腔积液

当大量液体在浆膜腔集聚时称为积液。积液为淡黄色，浆膜血管扩张、充血（图 3-10～图 3-13）。

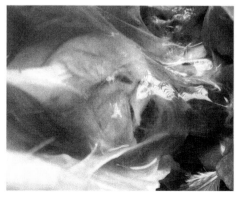

▲ 图 3-10　鸡心包积液　　　　　▲ 图 3-11　猪心包积液

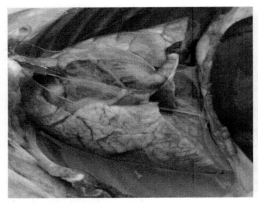
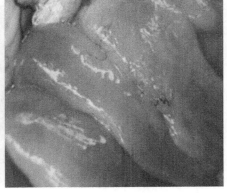

▲ 图 3-12　猪胸腔积液　　　　　　▲ 图 3-13　鸡子宫积液

（四）结局和对机体的影响

水肿是一种可逆的病理过程，病因消除后，水肿液被吸收，组织器官的机能也可恢复。若长期水肿，组织可因缺血、缺氧继发结缔组织增生而硬化。

有利：稀释毒素。

有害：①发生器官机能障碍，肺水肿影响呼吸，脑水肿影响神经功能，心包积液影响心肌功能。②发生组织营养障碍，水肿液存在，营养和氧气到达组织细胞的距离增大，造成营养不良。另外，水肿时，血液循环受影响，会造成缺血、缺氧，影响组织再生。

第二节　脱　　水

各种原因引起的液体容量明显减少的现象称为脱水。在机体丧失水分的同时，电解质特别是钠离子也发生不同程度的丧失，引起血浆渗透压发生不同的变化，据此可将脱水分为高渗脱水、低渗脱水和等渗脱水。

一、高渗脱水

以失水为主，失水大于失钠的脱水称为高渗脱水，又称缺水性脱水或单纯性脱水。其特征是血清中 Na^+ 浓度和血浆渗透压升高，患畜口渴，少尿，尿比重增加，细胞脱水，皮肤皱缩。

（一）原因

1）饮水不足：缺水，如沙漠；饮水困难，如咽炎、食管阻塞、患破伤风等。

2）低渗液体丢失过多：如呕吐、腹泻、出汗、利尿药过量等。

（二）机制和对机体的影响

1. 代偿阶段

1）血浆渗透压升高时，刺激丘脑渗透压感受器，使口渴中枢的神经细胞脱水而引起渴感，导致 ADH 分泌增强，促进水重吸收。

2）Na^+ 浓度升高，引起肾上腺皮质多形区细胞分泌 ADS 减少，Na^+ 随尿液排出增多，导致肾保钠功能降低，以降低血浆和细胞间液的渗透压。

2. 失代偿阶段

1）脱水热：脱水，血液黏稠、循环不畅，散热困难，体温升高。

2）酸中毒：细胞间液浓度升高，细胞液外渗，细胞氧化机能降低，酸性产物集聚引起酸中毒。

3）自体中毒：由于细胞脱水，代谢产物不能及时排出而引起自体中毒。

二、低渗脱水

失钠大于失水的脱水为低渗脱水，又称缺盐性脱水。其特征是血钠含量和血浆渗透压低于正常值，患畜不口渴，早期多尿，后期发生低血容量休克。

（一）原因

1）大量补低渗液体：液体大量丧失之后，补充大量水或葡萄糖，而未补充钠。

2）大量钠丢失：长期使用排钠的利尿药。

（二）机制和对机体的影响

1. 代偿阶段

Na^+ 浓度降低，引起肾上腺皮质多形区细胞分泌 ADS 增加，Na^+ 随尿液排出减少，导致肾保钠功能增强。

血浆渗透压降低时，刺激丘脑渗透压感受器，抑制视上核神经细胞分泌 ADH，导致 ADH 分泌减弱。

2. 失代偿阶段

1）细胞水肿：由 Na^+ 浓度降低，水分进入细胞内所致。

2）低血容量休克：Na^+ 浓度降低，水分通过尿液排出，导致血容量不足而引起休克。

3）自体中毒：由于细胞脱水，代谢产物不能及时排出而引起自体中毒。

三、等渗脱水

失水和失钠比例大体相等的脱水为等渗脱水，又称混合脱水。

（一）原因

1）大面积烧伤：血浆外渗。
2）大量胸水和腹水的形成。

（二）对机体的影响

等渗脱水最终导致高渗脱水。

第三节　酸碱中毒

一、机体酸碱的来源

1）从饲料中摄取：饲料含有酸性和碱性物质。
2）代谢产生：碳酸、氨基酸等；碳酸氢根、弱酸盐（草酸盐、苹果酸盐等）。

二、对酸碱的调节

1. 血液缓冲系统

通过血液缓冲系统使强酸和强碱变成弱酸或弱碱，血液中主要缓冲物质对见表 3-1。

表 3-1　血液中主要缓冲物质对

血浆	红细胞
碳酸氢盐缓冲对（$NaHCO_3/H_2CO_3$）	碳酸氢盐缓冲对（$KHCO_3/H_2CO_3$）
磷酸盐缓冲对（Na_2HPO_4/NaH_2PO_4）	磷酸盐缓冲对（K_2HPO_4/KH_2PO_4）
血浆蛋白缓冲对（Na-Pr/H-Pr）	血红蛋白缓冲对（K-Pr/H-Pr）

2. 肺的调节

可通过改变呼吸运动的频率和幅度来调节血浆碳酸的浓度。二氧化碳分压升高，刺激延脑中枢化学感受器和动脉弓、颈动脉体外周感受器，反射引起中枢兴奋，呼吸加深、加快，二氧化碳排出增多。二氧化碳分压降低，呼吸变慢、变浅，二氧化碳排出减少。

3. 肾的调节

通过控制排出酸碱的量来调节血浆 $NaHCO_3$ 含量，维持酸碱平衡。酸中毒时，远曲小管吸收 HCO_3^-；碱中毒时，排出 $NaHCO_3$。

4. 组织细胞的调节

酸中毒时，H^+ 进入细胞内，K^+ 进入组织间隙；碱中毒时正好相反。

三、代谢性酸中毒

代谢性酸中毒（metabolic acidosis）是指由体内固有酸增多或碱性物质丧失过多而引起的以 $NaHCO_3$ 原发性减少为特征的病理过程。

（一）原因

1. 体内固有酸增多

1）酸性物质生成增多：缺氧、发热导致酸性代谢产物增多。

2）酸性物质摄入过多：服用酸性物质；胃的异常发酵。

3）酸性物质排出发生障碍：肾功能不全，酸性物质排出受阻。

2. 碱性物质丧失过多

1）碱性肠液的丢失：腹泻。

2）$NaHCO_3$ 随尿液丢失：近曲小管的碳酸酐酶活性受到抑制时，$NaHCO_3$

随尿液丢失。

3）$NaHCO_3$ 随血浆丢失：烧伤时大量血浆渗出。

（二）机体代偿

1）血液缓冲系统：发生代谢性酸中毒时，细胞外液中增多的 H^+ 可迅速被血浆缓冲体系中的 HCO_3^- 中和。反应中生成的 CO_2 随即由肺排出，即 $H^+ + HCO_3^- \rightarrow H_2CO_3 \rightarrow H_2O + CO_2\uparrow$。

2）肺的调节：呼吸加深、加快。

3）肾的调节：酸性物质排出增多。

四、呼吸性酸中毒

呼吸性酸中毒（respiratory acidosis）是指由二氧化碳排出发生障碍或吸入过多而引起的以血浆碳酸浓度原发性升高为特征的病理过程。

（一）原因

1. 二氧化碳排出发生障碍

1）呼吸中枢受到抑制：脑损伤、脑炎、全身麻醉等。

2）呼吸肌麻痹：脊髓损伤、有机磷中毒。

3）呼吸道阻塞：喉水肿、异物阻塞、气管受压迫。

4）胸廓和肺部疾病：气胸、肺炎、肺水肿等，造成呼吸面积减少，二氧化碳排出发生障碍。

2. 二氧化碳吸入过多

厩舍小，通风不良，饲养密度大，二氧化碳浓度过高。

（二）机体代偿

1）血液缓冲系统：呼吸性酸中毒时，血浆中的 H_2CO_3 含量增高，解离产生的 H^+ 主要由血浆蛋白缓冲对和磷酸盐缓冲对中和，即 $CO_2 + H_2O \rightarrow HCO_3^- + H^+$；$H^+ + Pr\text{-}Na \rightarrow H\text{-}Pr + Na^+$；$Na^+ + HCO_3^- \rightarrow NaHCO_3$。反应中生成的 Na^+ 与血浆内的 HCO_3^- 形成 $NaHCO_3$，补充碱储备，调整 $NaHCO_3/H_2CO_3$ 的值。

2）组织细胞的调节：H^+进入细胞内，K^+进入组织间隙。

（三）酸中毒对机体的影响

1）中枢神经系统机能改变：初期兴奋，马上转为抑制，表现为精神沉郁、反应迟钝甚至昏迷。

2）心脏机能改变：H^+与Ca^+竞争和肌钙蛋白结合，抑制肌浆网释放Ca^+，导致心肌收缩无力。

3）对骨骼的影响：酸中毒时，骨骼中的钙释放，造成骨骼缺钙，引起发育迟缓，发生佝偻病。

五、代谢性碱中毒

代谢性碱中毒（metabolic alkalosis）是指由体内碱性物质摄入过多或酸性物质丧失过多而引起的以血浆碳酸氢钠原发性增多为特征的病理过程。

（一）原因

1. 碱性物质摄入过多

1）静脉输入碱性物质。
2）肾功能不全，排出碱性物质发生障碍。

2. 酸性物质丧失过多

1）胃炎：呕吐。
2）低血钾：肾Na^+-H^+交换能力增强，大量酸性物质排出。

（二）机体代偿

1）血液缓冲系统：当体内碱性物质增多时，血浆缓冲系统与之反应。例如，$NaHCO_3+H\text{-}Pr \rightarrow Na\text{-}Pr+H_2CO_3$。
2）肺的调节：呼吸变慢、变浅。
3）肾的调节：分泌H^+。
4）细胞组织的调节：细胞内H^+进入组织间隙，组织间隙中K^+进入细胞内，引起低血钾。

六、呼吸性碱中毒

呼吸性碱中毒（respiratory alkalosis）是指由二氧化碳排出过多而引起的以血浆碳酸浓度原发性降低为特征的病理过程。

（一）原因

1）中枢神经系统疾病引起呼吸加深、加快。

2）中毒：如水杨酸钠中毒，引起呼吸加深、加快。

3）机体缺氧引起呼吸加深、加快。

（二）机体代偿

1）血液缓冲系统：当体内碱性物质增多时，血浆缓冲系统与之反应。例如，$NaHCO_3 + H\text{-}Pr \rightarrow Na\text{-}Pr + H_2CO_3$。

2）肺的调节：呼吸变慢、变浅。

3）肾的调节：分泌 H^+。

4）细胞组织的调节：细胞内 H^+ 进入组织间隙，组织间隙中 K^+ 进入细胞内，引起低血钾。

（三）碱中毒对机体的影响

1）导致中枢神经兴奋不安。

2）导致肌肉兴奋性升高、痉挛。

3）出现低血钾症，可引起心律失常。

第四章
组织与细胞损伤

组织遭到不能耐受的有害因子刺激后，细胞及其间质可发生物质代谢、形态结构的异常变化，称为损伤（injury）。根据损伤程度的不同，可分为萎缩、变性和坏死。

第一节 萎 缩

萎缩（atrophy）是指已经发育成熟的器官、组织和细胞，在各种病因的作用下发生体积缩小和功能减退的变化过程。组织器官的未发育（aplasia）和发育不全（hypoplasia）分别指组织或器官未发育至正常大小，或处于根本未发育的状态，不属于萎缩范畴。

一、萎缩类型

根据引起萎缩的原因，可分为生理性萎缩和病理性萎缩。

（一）生理性萎缩

在生理情况下，动物体的某些组织器官随着机体生长发育到一定阶段时发生的萎缩现象称为生理性萎缩，也称退化（involution）。例如，幼龄动物的动脉导管、脐带血管萎缩；成熟动物的胸腺退化；妊娠分娩后子宫复旧；泌乳期后乳腺组织的复旧等均属生理性萎缩（图4-1，图4-2）。动物到老龄阶段几乎一切器官组织均不同程度地出现萎缩，即所谓的老龄性萎缩。

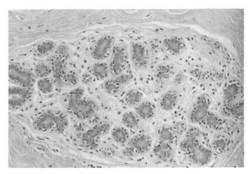
▲ 图4-1 正常乳腺

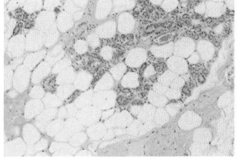
▲ 图4-2 萎缩乳腺

（二）病理性萎缩

由某些致病因子作用而引起的相应组织器官发生的萎缩称为病理性萎缩。根据作用的范围，分为全身性萎缩和局部性萎缩。

1. 全身性萎缩

在某些致病因素作用下，机体发生全身性物质代谢障碍，以至于全身各个组织器官普遍发生萎缩。

（1）原因

1）营养不良、维生素缺乏、慢性消化道疾病、长期饲料不足等。

2）严重消耗性疾病：结核、鼻疽、肿瘤、寄生虫病等。

（2）病理变化

临床上，动物常常表现出严重衰竭征象，以及精神沉郁、行动迟缓、进行性消瘦、被毛粗乱等恶病质（cachexia）状态（图4-3，图4-4）。

▲ 图4-3 恶病质（马）

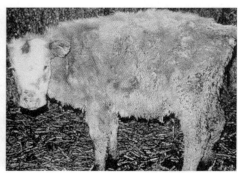
▲ 图4-4 恶病质（牛）

（3）剖检变化

全身脂肪：消耗殆尽，表现为皮下、腹膜、肠系膜及网膜脂肪消失（图4-5）；肾周围和冠状脂肪发生浆液性萎缩，变成胶冻样，由于脂肪细胞内的脂肪颗粒分解消失，细胞萎缩变小，而间质由浆液填充所致，这是脂肪萎缩的典型表现。

肌肉：萎缩变薄，颜色变淡（图4-6）。

骨骼：骨质变薄，重量减轻，质脆易折，红骨髓减少，黄骨髓呈胶冻样（图4-7）。

血液：稀薄，红细胞减少，出现血红蛋白和血浆蛋白降低等贫血症状（图4-8）。

▲ 图4-5 全身脂肪萎缩

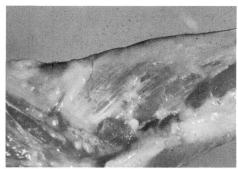

▲ 图4-6 肌肉萎缩

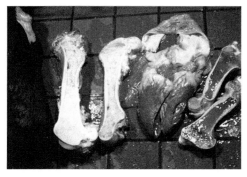

▲ 图4-7 骨骼萎缩

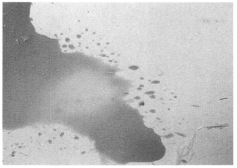

▲ 图4-8 血液变稀

心脏：体积无明显变化，色淡，质地变软，出现心包积液（图4-9）。

肝：体积缩小，变薄，边缘薄锐，质地坚实，重量减轻，被膜增厚、皱缩，颜色加深（图4-10）。

肾：体积略有缩小，变薄，切面皮质颜色变深，被膜增厚、皱缩（图4-11）。

脾：体积明显缩小，重量减轻，被膜增厚，切面干燥，红髓明显减少，白髓消失（图4-12）。

　　淋巴结：体积缩小，色淡，切面上有液体流出。

　　胃肠：变薄，呈半透明状（图4-13，图4-14）。

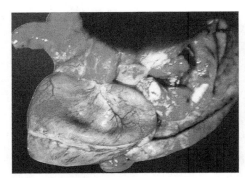

▲ 图4-9　心肌萎缩

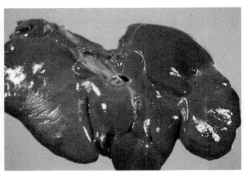

▲ 图4-10　肝萎缩

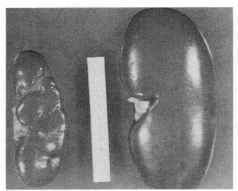

▲ 图4-11　肾萎缩

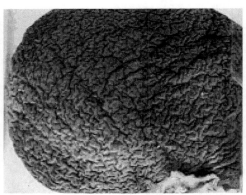

▲ 图4-12　脾萎缩

▲ 图4-13　肠萎缩（肠壁呈透明状）

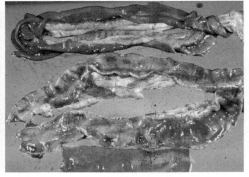

▲ 图4-14　肠壁萎缩（变薄）

2. 局部性萎缩

局部性萎缩指在某些局部性因素影响下发生的局部组织器官的萎缩，按原因可分以下几种。

废用性萎缩（disuse atrophy）：是指组织器官因长期不活动而发生功能减弱所致的萎缩，如因关节疾病和骨折，长期不能活动而引起相关肌肉和关节软骨的萎缩。

压迫性萎缩（pressure atrophy）：指组织器官受到机械性压迫而发生的萎缩。原因一是压迫对器官直接作用，二是压迫造成血液循环障碍，如肾结石压迫肾实质导致萎缩；寄生虫压迫肝组织导致萎缩（图 4-15）。

神经性萎缩（denervation atrophy）：骨骼肌发挥正常功能需要神经的营养和刺激。中枢或外周神经发生炎症或受损伤时，功能发生障碍，受其支配的肌肉因神经支配丧失而发生萎缩，如马立克病引起腿部肌肉的萎缩（图 4-16）。

 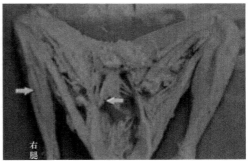

▲ 图 4-15 结石压迫肝萎缩　　▲ 图 4-16 神经性萎缩

缺血性萎缩（ischemic atrophy）：当小动脉不完全阻塞时，由于血液供应不足，可以引起相应部位的萎缩。多见于动脉硬化或血栓阻塞（图 4-17）。

激素性萎缩（hormone atrophy）：由内分泌功能低下引起的相应组织器官的萎缩，如垂体功能低下，促甲状腺素分泌减少，引起甲状腺萎缩，又如肾上腺萎缩等（图 4-18）。

（1）病理变化

局部性萎缩与全身性萎缩的病理变化基本一致，在实质发生局部性萎缩的同时，相邻组织会肥大，萎缩、肥大交替分布，使器官呈现凹凸不平的外观（图 4-19，图 4-20）。

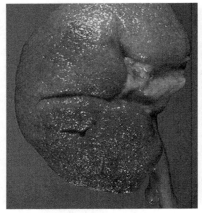

▲ 图4-17 缺血性肾萎缩

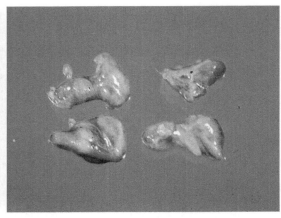

▲ 图4-18 激素性肾上腺萎缩

▲ 图4-19 肝萎缩

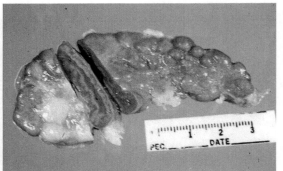

▲ 图4-20 肾上腺萎缩

（2）剖检变化

实质器官萎缩时，细胞基本结构的变化不明显，可见体积缩小，胞质致密，染色较深。只是细胞体积和细胞核减小，这种萎缩称为单纯性萎缩；有的萎缩过程中，细胞发生了脂肪变性和糖原变性，则称为变性萎缩。

心肌萎缩：心肌纤维变细，核为杆状，细胞内有脂褐素（图4-21，图4-22）。

肝萎缩：细胞索变窄，窦状隙增宽，细胞内出现脂褐素（图4-23，图4-24）。

胃肠萎缩：黏膜上皮细胞脱落，固有膜内腺体和绒毛数量减少，黏膜下层水肿，肌层的纤维变细（图4-25，图4-26）。

（3）超微结构变化

线粒体、内质网、高尔基体减少或消失，自噬性溶酶体增多。

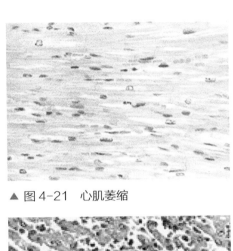

▲ 图 4-21 心肌萎缩

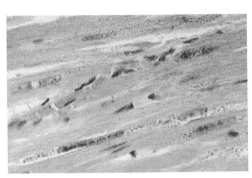

▲ 图 4-22 细胞内脂褐素（心肌）

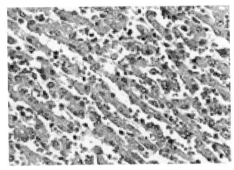

▲ 图 4-23 肝萎缩

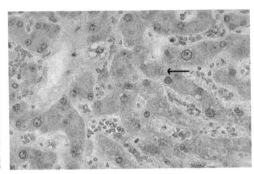

▲ 图 4-24 细胞内脂褐素（肝）

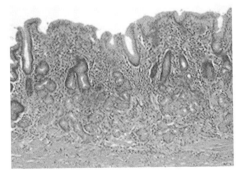

▲ 图 4-25 胃黏膜萎缩

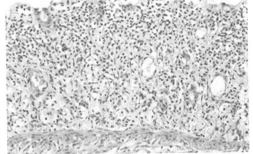

▲ 图 4-26 肠黏膜萎缩

二、萎缩的结局

萎缩是一种可逆的病变，病因消除后可自行恢复，若继续发展，萎缩的细胞通过凋亡逐渐消失，导致器官体积变小，可引起萎缩器官的细胞消失。

有利：萎缩是一种适应性反应，萎缩后器官体积减小，代谢降低。

有害：萎缩可使器官机能降低，机体抵抗力下降，甚至丧失抗病能力，导致疾病的恶化。

第二节 变 性

变性（degeneration）是指组织细胞代谢紊乱，在细胞或间质中出现一些异常物质或生理性物质数量增多的病理过程。但有时细胞内某种物质的增多属生理现象而并非病理性改变，因此，有的教科书将此过程称为细胞内蓄积（intracellular accumulation），而有的将此过程称为细胞沉积（cell deposit），但其中所讲内容大多仍属于传统的经典的变性的范畴。变性的种类较多，常见的有以下几种。

细胞变性：细胞肿胀、脂肪变性、玻璃样变性。

间质变性：黏液样变性、玻璃样变性、淀粉样变性及纤维素样变性。

一、细胞肿胀

细胞肿胀是指细胞内水分增多，胞体增大，胞质内出现微细颗粒或大小不等的水泡。根据显微镜下病变特点可分为颗粒变性和空泡变性。

颗粒变性：胞质内出现多量的微细淡红染颗粒，是细胞肿胀的早期病变，进一步发展成为空泡变性（图4-27）。

空泡变性：胞质内出现大小不等的水泡，核肿大，淡染，最后小水泡相互融合形成大水泡。严重时，细胞肿胀明显，胞质疏松呈网状或几乎透明状，核悬浮于中央或一侧，此时变性的细胞肿大如气球样，又称气球样变性（图4-28）。

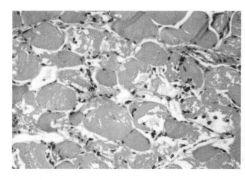

▲ 图4-27 肌细胞颗粒变性

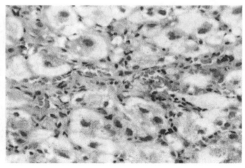

▲ 图4-28 肝细胞空泡变性

（一）原因和机制

感染、缺氧、中毒等可引起细胞肿胀。这些因素可直接损伤细胞膜，也可以使线粒体的氧化酶系统遭到破坏，导致三羧酸循环和氧化磷酸化发生障碍，ATP减少，细胞膜上的 Na^+-K^+ 泵发生机能障碍，Na^+ 进入细胞内，引起水分增多。

（二）病理变化

1. 颗粒变性

常见于肝、肾、心脏等实质器官。

眼观：轻微时不明显，严重时可见器官肿大、重量增加、边缘钝圆、色泽苍白、被膜紧张、切面外翻（图4-29）。

镜检：细胞染色变淡，浑浊似毛玻璃样，体积增大，有许多颗粒（图4-30）。

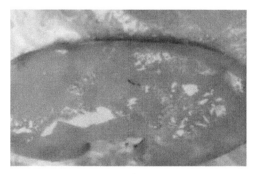

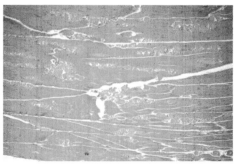

▲ 图4-29 肾颗粒变性的外观　　▲ 图4-30 肌纤维颗粒变性

电镜下：核肿大；内质网和高尔基体扩张；胞质充满细小的沉淀物；线粒体肿胀，呈囊泡样扩张，嵴变短、断裂（图4-31，图4-32）。

（1）肾颗粒变性

眼观：肾肿胀，体积增大，被膜紧张，颜色变浅，切面外翻（图4-29）。

镜检：主要病变发生于肾小管，表现为细胞肿大，突入管腔，边缘不整齐，胞质浑浊，充满淡红色颗粒状物；管腔变窄，细胞破裂后颗粒物排入管腔，形成蛋白管型，内有脱落的上皮细胞（图4-33，图4-34）。

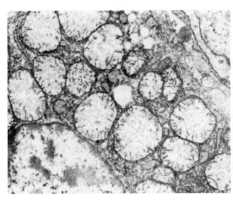

▲ 图 4-31 颗粒变性（细胞线粒体肿胀）　▲ 图 4-32 颗粒变性（内质网扩张）

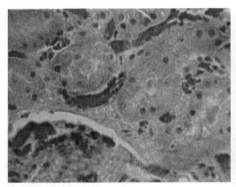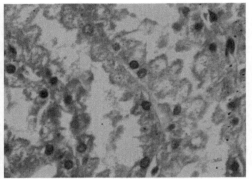

▲ 图 4-33 肾小管颗粒变性（横切）　▲ 图 4-34 肾小管颗粒变性（纵切）

（2）肝颗粒变性

眼观：肝大，颜色变淡，边缘钝圆，被膜紧张，切面外翻（图 4-35）。

镜检：表现为肝细胞肿大，胞质内充满淡红色颗粒状物，肝细胞索肿大，窦状隙变窄甚至闭锁（图 4-36）。

（3）心肌颗粒变性

心肌纤维变粗，横纹淡染或消失，心肌纤维模糊不清，在心肌纤维内有红色颗粒样物（图 4-37）。

2. 水泡变性

眼观：轻度水泡变性肉眼不易分辨，只有当皮肤或黏膜发生严重水泡变性出现水疱时才能辨认（图 4-38）。

镜检：变性细胞肿大，胞质内有大小不等的水泡，组织外观疏松呈蜂窝状，

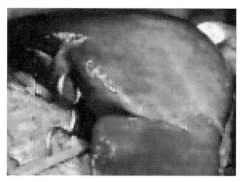

▲ 图4-35 肝颗粒变性（眼观）

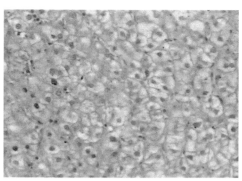

▲ 图4-36 肝颗粒变性（镜检）

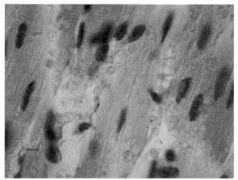

▲ 图4-37 心肌颗粒变性

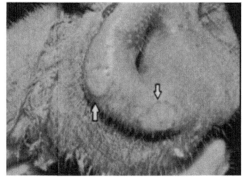

▲ 图4-38 猪水泡病（唇黏膜水疱）

以后小水泡融合成大水泡，胞核被挤压到一侧，胞质空白，细胞形如气球（图4-39）。

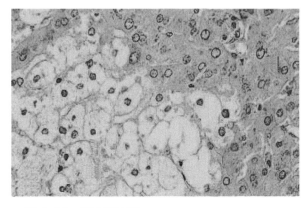

▲ 图4-39 肝水泡变性

（三）结局和对机体的影响

细胞肿胀是可逆的病变，病因消除后可自行恢复。若持续发生细胞肿胀，可引起脂肪变性，同时影响器官功能，造成机能障碍。

二、脂肪变性

正常情况下，除脂肪细胞外的实质细胞内一般不见或仅见少量脂滴。脂滴蓄积于非脂肪细胞的细胞质中称为脂肪变性（fatty degeneration）。

脂滴的主要成分为中性脂肪，也有磷脂及胆固醇等，在常规石蜡切片上，脂滴因被乙醇、二甲苯等脂溶性物质所溶解，呈空泡状，不易与水泡相区别。为了区别，可采用冰冻切片，用苏丹Ⅲ、油红和锇酸染色，苏丹Ⅲ和油红将脂肪染成红黄色（图4-40），锇酸将脂肪染成黑色（图4-41）。

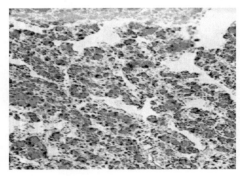 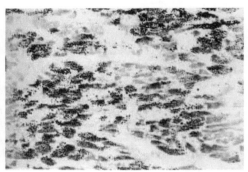

▲ 图4-40　心肌脂肪变性（苏丹Ⅲ）　　▲ 图4-41　心肌脂肪变性（锇酸）

（一）原因和机制

原因：急性传染病、中毒（四氯化碳、氯仿、磷、砷）、缺氧、饥饿等都可能引起脂肪变性。

机制：肝是脂肪合成、运输和氧化的场所。

1) 中性脂肪合成过多：饥饿或病理状态下，机体利用脂肪供能，大量脂肪组织分解释放的脂肪酸进入肝，超过肝的氧化能力，以至于在肝内蓄积，造成脂肪变性；另外，采食大量的脂肪也会引起脂肪变性。

2) 脂蛋白合成发生障碍：脂蛋白是脂肪运输工具，当脂蛋白合成不足时，脂肪运输出现障碍，导致其在肝内蓄积，如胆碱、甲硫氨酸缺乏（脂蛋白原料）

可影响脂蛋白的合成。

3）脂肪酸氧化发生障碍：如白喉毒素、缺氧都影响脂肪酸的氧化，使脂肪酸蓄积在细胞内，引起脂肪变性。

（二）病理变化

1）肝脂肪变性：肝是脂肪变性的易发部位。

眼观：肝肿大，质地变软易碎，染成土黄色或红黄色。若发生肝脂肪变性的同时伴有淤血，则在切面上呈红黄色相间花纹状，称槟榔肝（图4-42）。

镜检：肝细胞内出现大小不等的空泡，小空泡融合成大空泡，胞核被挤压到一侧（图4-43）。

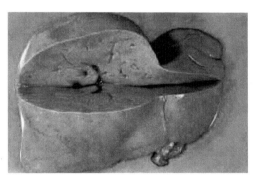

▲ 图4-42 槟榔肝

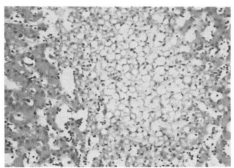

▲ 图4-43 肝脂肪变性

中毒性疾病引起肝小叶边缘区脂肪变性，称周边脂肪化（图4-44），如妊娠中毒、有机磷中毒等。淤血、缺氧等引起肝小叶中央区变性，称中心脂肪化（4-45），其发生与肝的血液循环障碍有关。

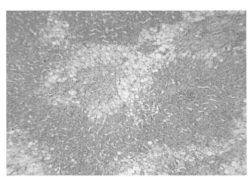

▲ 图4-44 周边脂肪化

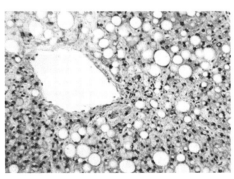

▲ 图4-45 中心脂肪化

2）心肌脂肪变性：在发生严重贫血、中毒、感染（口蹄疫）及慢性心力衰竭时，心肌可发生脂肪变性。

眼观：在心外膜和心室乳头肌的静脉血管周围，可见灰黄色的条纹或斑点分布在色彩正常的心肌之间，外观上呈红黄相间的虎皮状斑纹，故称为虎斑心（图4-46）。

镜检：可见在变性的心肌细胞内细小的脂滴呈半球状成串排列于肌原纤维之间（图4-47）。

 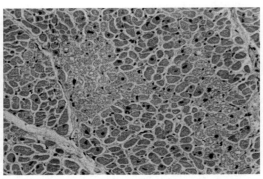

▲ 图4-46　心肌脂肪变性（眼观）　　▲ 图4-47　心肌脂肪变性（镜检）

（三）结局和对机体的影响

结局同颗粒变性，但比颗粒变性严重。

三、玻璃样变性

细胞内或间质中出现一种均质无结构、在光镜下呈半透明状的玻璃样物质的现象称为玻璃样变性，又称透明变性（hyaline degeneration）。

（一）病变及类型

根据病因和发生部位，透明变性可分为3种类型。

1. 细胞内透明变性

细胞内透明变性指在变性细胞内出现大小不等的嗜伊红圆形小滴。例如，肾小球肾炎时，肾小管上皮细胞内可见均质红染的玻璃样小滴。其发生机制是由于肾小球通透性升高，大量血浆蛋白滤出，近曲小管上皮吞饮了蛋白质，使其在细胞质内蓄积形成玻璃样小体（图 4-48）。

酒精中毒时，肝细胞核周围胞质亦可出现很不规则的红染玻璃样物，称酒精透明小体，也称 Mallory 小体（图 4-49）。

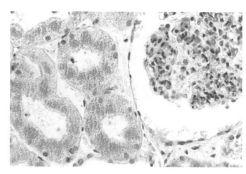

▲ 图 4-48　肾小管上皮透明变性

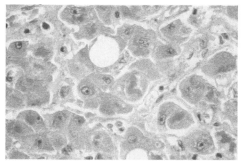

▲ 图 4-49　肝细胞透明变性

2. 血管壁透明变性

血管壁透明变性常发生在脾、心脏、肾等器官的小动脉血管。透明变性的血管壁的中膜出现均质无结构红染的物质，严重时可破坏中膜的平滑肌（图 4-50）。

发生机制：致病因子如有毒物质、病毒直接作用于血管内皮，使其受损伤而通透性升高，血浆蛋白进入中膜导致血管壁透明变性。

3. 结缔组织透明变性

常见于瘢痕组织，其结构特点是纤维细胞减少，胶原纤维变粗、相互融合而失去纤维性结构，形成均质红染的片状结构。其机制不清楚（图 4-51）。

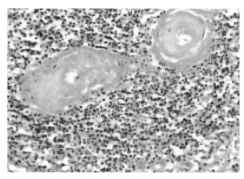

▲ 图 4-50　脾小动脉血管透明变性

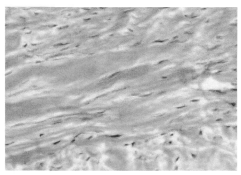

▲ 图 4-51　结缔组织透明变性

（二）结局和对机体的影响

为可逆性病变，但严重透明变性的组织容易发生钙化，引起组织硬化。

四、淀粉样变性

淀粉样变性是指淀粉样物质在某些器官的网状组织、血管壁或组织间隙沉着的一种病理过程。淀粉样物质为一种结合黏多糖的糖蛋白，遇碘时被染成红褐色，若再滴加硫酸则呈蓝色，故称为淀粉样变性（amyloid degeneration）。

（一）原因和机制

机制还不清楚，可能与免疫有关，有人认为淀粉样物质是免疫球蛋白与含硫黏多糖结合形成的复合物。

（二）病理变化

淀粉样变性常发生于肝、脾、肾和淋巴等器官，一般肉眼不易辨认，显微镜下方可见。

1. 脾淀粉样变性

脾是淀粉样变性好发部位。

眼观：体积增大，质地变硬，颜色变浅，切面干燥（图4-52）。

镜检：淀粉样物质在脾中主要沉积在淋巴滤泡的周边、动脉壁的平滑肌和外膜之间及红髓的细胞间，其中以淋巴滤泡周边沉着量最多（图4-53）。在HE染色的切片上，淀粉样物质呈粉红色团块，周围有网状细胞包围，使淋巴滤泡和红髓消失。严重时仅见少量的红髓和脾小梁残存在淀粉样物质之中。当淀粉样物质沉着在淋巴滤泡周边时呈透明灰白色颗粒状，外观如煮熟的西米，故称这种脾为西米脾（图4-53）。若淀粉样物质弥漫地沉积于红髓部分时，则呈不规则的灰白色区，未沉着区仍保留脾髓固有的暗红色，两者相互交织呈火腿样花纹，所以称这种脾为火腿脾（图4-54）。

2. 肝淀粉样变性

眼观：肝大，灰黄色或黄褐色，质地软而易脆，与脂肪变性相似（图4-55）。

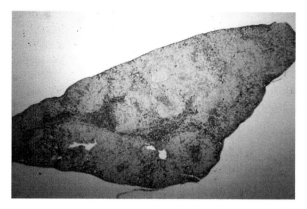

▲ 图 4-52 脾淀粉样变性

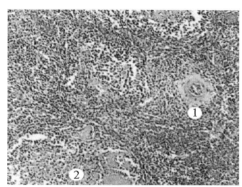

▲ 图 4-53 西米脾
1. 小动脉；2. 淋巴滤泡

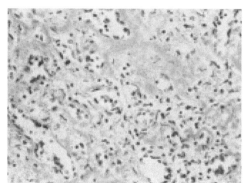

▲ 图 4-54 火腿脾

镜检：淀粉样物质沉着在肝细胞索和窦状隙之间的网状纤维上，呈粗细不等的条纹或毛刷状，HE 染色为粉红色，肝细胞索受压迫而萎缩（图 4-56）。

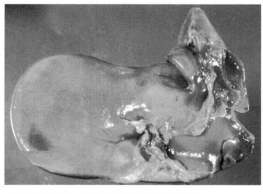

▲ 图 4-55 肝淀粉样变性（眼观）

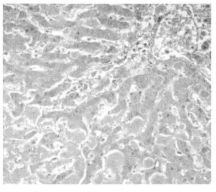

▲ 图 4-56 肝淀粉样变性（镜检）

（三）结局和对机体的影响

淀粉样变性是可逆的病变，可恢复，淀粉样物质较大，不容易被巨噬细胞吞噬吸收，持续时间长时影响淀粉样变性器官的机能。

五、黏液样变性

黏液样变性（mucoid degeneration）是指细胞间质中出现黏液样物质聚积的一种病理现象。HE 染色为蓝色。黏液样变性常见于间叶肿瘤、急性风湿、动脉硬化。一般认为与营养不良、缺氧、中毒及血液循环障碍有关。

黏液样变性的发生机制不清楚，有人认为是因为甲状腺机能低下，透明质酸酶活性降低，结果导致透明质酸降解减少，潴留于组织，引起黏液样变性。

眼观：组织肿胀，切面灰白透明，似胶冻状（图 4-57）。

镜检：光镜下病变部位间质疏松，充以淡蓝色胶状物，其中散在一些多角形或星芒状并以突起互相连缀的细胞结（图 4-58）。

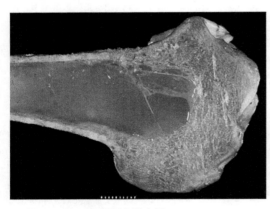
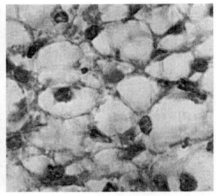

▲ 图 4-57　骨髓黏液样变性　　　　　▲ 图 4-58　黏液样变性

结局：一般认为，黏液样变性的结缔组织当病因去除后可逐渐恢复其形态与功能。但是严重而持久的黏液样变性，可引起纤维组织增生，导致组织的硬化。

六、纤维素样变性

纤维素样变性是指间质胶原纤维和小血管壁的固有结构被破坏，变为无结构、强嗜伊红的纤维素样物质。发生变性的胶原纤维可断裂、崩解为碎片，受侵小血管壁结构被严重破坏，其实已发生坏死，故又称纤维素样坏死（图4-59）。

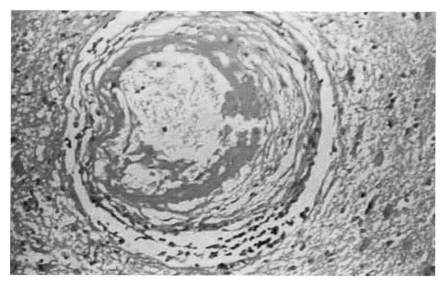

▲ 图4-59 纤维变性

纤维素样变性主要发生于急性风湿病，与变态反应有关。可能是抗原-抗体反应形成的生物活性物质使局部胶原纤维崩解，小血管壁损伤而通透性增高，纤维蛋白原可转变为纤维蛋白沉着于病变部位，导致纤维素样变性。

在纤维素样变性部位，胶原纤维和小血管壁固有的组织结构消失而变为颗粒状、无结构的纤维素样物质。

第三节 细胞死亡

细胞发生代谢停止、结构破坏和功能丧失等不可逆的变化即为细胞死亡（cell death）。目前认为，细胞死亡可表现为坏死和凋亡。

一、坏死

坏死是指活的机体内局部组织细胞或器官的病理性死亡，是不可逆的病理变化。

（一）原因和机制

任何一种致病因素持续一定时间，或者作用到一定强度，都会造成坏死。

1) 机械性因素：创伤、挫伤、压迫等均能引起细胞坏死。

2) 物理性因素：高温使蛋白质变性、凝固；低温使细胞水分结冰，破坏胞质胶体结构和酶活性；射线能破坏 DNA 和 DNA 有关酶系，从而导致细胞坏死。

3) 化学性因素：包括强酸、强碱、重金属盐、有毒化合物，它们可破坏细胞正常代谢和细胞酶系，导致细胞死亡。

4) 生物性因素：病原微生物可产生毒素直接破坏酶系统、代谢过程和膜结构，或者菌体蛋白通过引起变态反应导致组织细胞死亡。

5) 血管性因素：动脉痉挛、受压迫或血栓、栓塞等引起局部缺血、缺氧，导致氧化机能障碍，引起细胞死亡。

6) 神经营养因素：当中枢神经或外周神经系统损伤时，相应部位的组织细胞因缺乏神经的兴奋性冲动而萎缩、变性、坏死。

7) 一些抗原物质：指能引起变态反应而导致组织细胞坏死的各种抗原。例如，弥漫性肾小球肾炎是由外源性抗原引起的变态反应。

归纳上述这些因素，主要作用机制是：①破坏细胞膜的完整性；②影响有氧呼吸和 ATP 的产生；③影响酶和结构蛋白的合成；④对遗传物质造成影响。

（二）病理变化

坏死组织细胞发生如下形态变化。

（1）细胞核的变化

细胞核的变化是细胞坏死的主要标志，主要有 3 种形式。

核浓缩（pyknosis）：染色质浓缩，使核体积缩小、浓染，嗜碱性增强。

核碎裂（karyorrhexis）：核染色质崩解成小块，先堆积于核膜下，以后核膜破裂，核呈许多大小不等深染的碎片散在细胞内。

核溶解（karyolysis）：在脱氧核糖核酸酶和蛋白酶的作用下，染色质 DNA 和核蛋白分解，核溶解消失，因而染色变淡，甚至只能见到核的轮廓，最后核的轮廓也完全消失（图 4-60）。

（2）细胞质的变化

变性蛋白质增多、糖原颗粒减少等，使坏死细胞嗜酸性增强，细胞被染

正常细胞 　　　 染色质边集 　　　 核固缩 　　　 核碎裂 　　　 核溶解

▲ 图 4-60　示细胞坏死的形态学变化

成一片红色。严重的时候线粒体形成空泡，线粒体基质中无定形致密物堆积，溶酶体释放酸性水解酶降解细胞。

（3）间质的变化

基质和胶原纤维逐渐崩解、液化，最后融合成片状模糊的无结构物质。

（三）类型

由于酶的分解作用或蛋白质变性所处程度的不同，坏死组织会出现不同的形态学变化，总体上分为凝固性坏死、液化性坏死和纤维素性坏死 3 个基本类型，此外还有坏疽等一些特殊类型。

1. 凝固性坏死（coagulation necrosis）

以坏死组织发生凝固为特征。在蛋白凝固酶的作用下，坏死组织变成呈灰白色或灰黄色、比较干燥而无光泽的凝固物质。

坏死组织早期由于周围组织液的进入而显肿胀，质地干燥坚实，坏死区界限清楚，呈灰白色或黄白色，无光泽，周围常有暗红色的充血和出血（图 4-61）。

显微镜下主要特征是有些凝固性坏死组织结构的轮廓尚存，但实质细胞的精细结构已消失，坏死细胞的核完全崩解消失，或有部分核碎片残留，胞质崩解融合为一片淡红色均质无结构的颗粒状物质（图 4-62）。

（1）贫血性坏死（anaemic necrosis）

眼观：是一种典型的凝固性坏死，坏死区灰白色，干燥，早期肿胀，稍突出于脏器表面，切面坏死区呈楔形，周围界限清楚（图 4-63，图 4-64）。

镜检：坏死初期，组织的结构轮廓仍保持。例如，肾小球和肾小管的形态依然可见，但实质细胞的精细结构崩解消失，或有部分碎片残留，胞质崩解融合为一片淡红色均质无结构的颗粒状物质（图 4-65）。

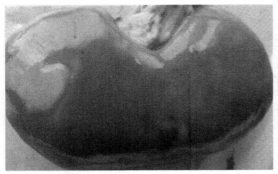

▲ 图4-61 凝固性坏死（眼观）

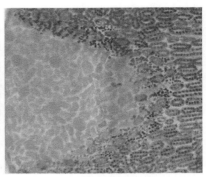

▲ 图4-62 凝固性坏死（镜检）

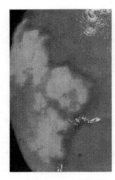

▲ 图4-63 肾凝
固性坏死的外观

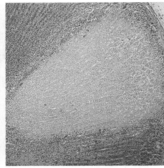

▲ 图4-64 肾凝固性坏死的
组织病变

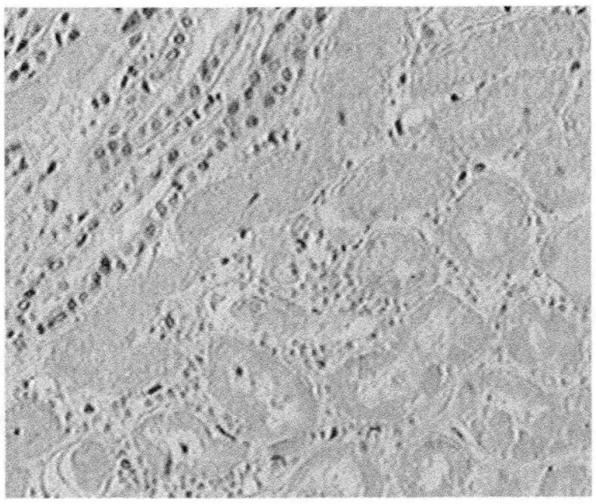

▲ 图4-65 肾贫血性坏死

（2）干酪样坏死（caseous necrosis）

也是一种凝固性坏死。

眼观：特征是坏死组织崩解彻底，常见于结核分枝杆菌感染。除凝固蛋白外，坏死组织还含有多量脂类物质，故外观呈黄色或灰黄色，质地柔软致密，很像食用干酪，故称为干酪样坏死（图4-66）。

镜检：组织的固有结构完全被破坏消失，实质细胞和间质都彻底崩解，融合成均质伊红深染的无定形颗粒状物质（图4-67）。

（3）蜡样坏死（waxy necrosis）

肌肉组织发生的凝固性坏死，多见于白肌病、口蹄疫等。

眼观：肌肉肿胀，浑浊，无光泽，干燥坚实，呈灰红色或灰白色，外观像石蜡一样，故称为蜡样坏死（图4-68）。

镜检：肌纤维肿胀，胞核溶解，横纹消失，胞质中均匀无结构的红染玻璃样物质有的还可以发生断裂（图4-69）。

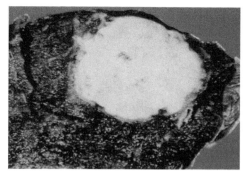

▲ 图 4-66　肺干酪样坏死的大体病变

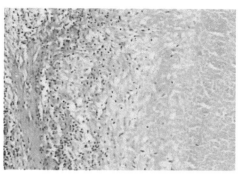

▲ 图 4-67　肺干酪样坏死的组织病变

▲ 图 4-68　蜡样坏死

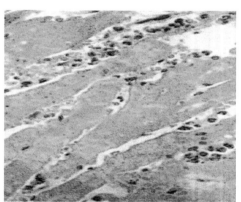

▲ 图 4-69　心肌凝固性坏死

（4）脂肪坏死（fat necrosis）

亦是一种凝固性坏死，是脂肪的一种分解变质性变化。

眼观：脂肪坏死处为不透明的白色斑块或结节（图 4-70）。

镜检：脂肪细胞只留下模糊的轮廓，内含粉红色颗粒样物质，并见脂肪酸与钙结合形成深蓝色的小球（图 4-71）。

2. 液化性坏死

坏死组织因受蛋白分解酶作用，迅速溶解呈液体状，称为液化性坏死（liquefactive necrosis）。此种坏死主要发生于富含水分的组织，如神经组织。脑组织蛋白质含量少，水分和磷脂类物质含量多，磷脂对凝固酶有抑制作用，脑组织坏死后很快液化，故又称脑软化。

眼观：坏死组织呈微囊状软化灶，以后可完全溶解液化（图 4-72）。

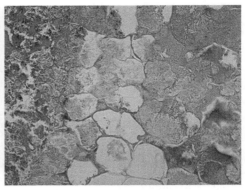

▲ 图 4-70　脂肪坏死（眼观）　　　　▲ 图 4-71　　脂肪坏死（镜检）

镜检：神经组织液化在早期可见细胞排列疏松，细胞成分减少；严重时形成镂空筛网状软化灶，或进一步分解为液体（图 4-73）。

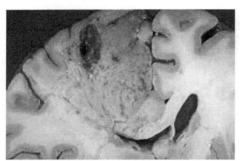
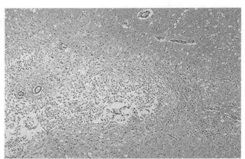

▲ 图 4-72　脑液化性坏死　　　　　　▲ 图 4-73　脑组织软化灶

3. 纤维素性坏死

纤维素性坏死（fibrinoid necrosis），旧称纤维素样变性，是结缔组织及小血管壁常见的坏死形式。光镜下，病变部位的组织结构消失，变为一堆界限不甚清晰的颗粒状、小条或小块状无结构物质，呈强嗜酸性，类似纤维蛋白（图 4-74）。

4. 坏疽

组织发生坏死后，受外界环境影响和不同程度的腐败菌感染而发生的特殊的病理学变化称为坏疽（gangrene）。病变部位为黑褐色或黑色，这是腐败菌分解坏死组织产生的硫化氢与血红蛋白中分解出来的铁结合形成黑色硫化铁的结果。四肢、尾根及与外界相通的内脏易发生坏疽，坏疽可分为 3 种类型。

1) 干性坏疽 (dry gangrene)：多发生于体表皮肤，尤其是四肢末端、耳和尾部。其特点是坏死的皮肤干燥、变硬，呈褐色或黑色，与周围健康组织之间有明显的炎症界限。由于坏死组织暴露在空气中，其水分逐渐蒸发而变得干燥，腐败菌不易大量繁殖而腐败轻微（图 4-75）。

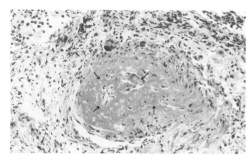

▲ 图 4-74　血管壁纤维坏死

▲ 图 4-75　干性坏疽（源自 Cornell University College of Veterinary Medicine)

2) 湿性坏疽 (wet gangrene)：是指坏死物在腐败菌作用下发生液化。常发生于与外界相通的内脏如肠、肺、子宫等处，坏死组织含水较多，适合腐败菌生长，从而使组织进一步液化而形成湿性坏疽。湿性坏疽的组织柔软，呈污灰色、绿色或黑色，恶臭，坏死组织易向周围组织扩散，故与周围健康组织界限不清楚（图 4-76）。

3) 气性坏疽 (gas gangrene)：主要见于严重的深部刺伤和厌气性细菌感染，组织分解同时产生大量气体，使坏死组织变成蜂窝样，呈污秽的暗棕黑色，用手按压有捻发音，切开流出酸臭液体并混有气泡（图 4-77）。

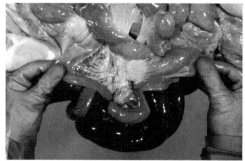

▲ 图 4-76　湿性坏死（源自 Cornell University College of Veterinary Medicine)

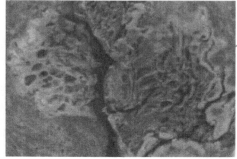

▲ 图 4-77　气性坏疽

（四）结局和对机体的影响

1）溶解吸收：较小的坏死灶通过本身崩解和经白细胞的蛋白分解酶分解为小的碎片或完全液化，由巨噬细胞吞噬消化，或由淋巴管、小血管吸收。

2）腐离脱落：因坏死组织分解产物的刺激作用，在坏死灶与周围活组织之间发生反应性炎症，表现为血管充血、浆液性渗出和白细胞游出。渗出白细胞吞噬坏死组织碎片，并释放蛋白分解酶，使坏死组织周围发生脓性溶解，造成坏死组织和周围组织分离，此过程称为腐离（slough）（图 4-78）。例如，皮肤或黏膜发生坏死，坏死组织腐离后该处留下组织缺损，浅的缺损称为糜烂（erosion）（图 4-79），深层缺损称为溃疡（ulcer）（图 4-80）。

3）机化和包囊的形成：当坏死组织范围较大不能完全吸收再生和腐离脱落时，可在坏死灶周围长出肉芽组织，取代坏死组织，称为机化。如果坏死组织不能马上被肉芽组织机化，肉芽组织可将坏死灶包裹起来，形成包囊（图 4-81）。

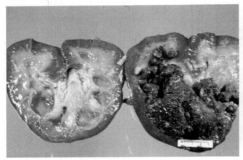

▲ 图 4-78　肾坏死后腐离（源自 Cornell University College of Veterinary Medicine）

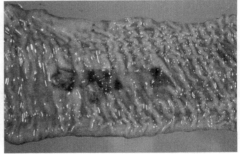

▲ 图 4-79　肠黏膜糜烂（源自 Cornell University College of Veterinary Medicine）

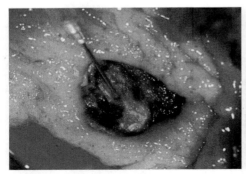

▲ 图 4-80　胃黏膜溃疡（源自 Cornell University College of Veterinary Medicine）

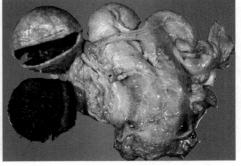

▲ 图 4-81　血肿包囊（源自 Cornell University College of Veterinary Medicine）

4）钙化：凝固性坏死很容易发生钙盐沉着，即钙化。

二、细胞凋亡

细胞凋亡（cell apoptosis）是借用古希腊语，表示细胞像秋天的树叶一样凋落的死亡方式。1972 年 Kerr 最先提出这一概念，他发现结扎大鼠肝的左、中叶门静脉后，其周围细胞发生缺血性坏死，但肝动脉供应区的实质细胞仍存活，只是范围逐渐缩小，其间一些细胞不断转变成细胞质小块，不伴有炎症，之后在正常鼠肝中也偶然见到这一现象。

在细胞凋亡一词出现之前，胚胎学家已观察到动物发育过程中存在着细胞程序性死亡（programmed cell death，PCD）现象，它是胚胎正常发育所必需的。近年来 PCD 和细胞凋亡常被作为同义词使用，但两者实质上是有差异的。首先，PCD 是一个功能性概念，描述在一个多细胞生物体中，某些细胞的死亡是个体发育中一个预定的并受到严格控制的正常部分，而凋亡是一个形态学概念，指与细胞坏死不同的受到基因控制的细胞死亡形式，其次，PCD 的最终结果是细胞凋亡，但细胞凋亡并非都是程序化的。

（一）细胞凋亡的意义

细胞凋亡普遍存在于生物界，既发生于生理状态下，又发生于病理状态下。由于细胞凋亡在胚胎发育及形态发生（morphogenesis），组织内正常细胞群稳定的保持，机体的防御和免疫反应，疾病或中毒引起的细胞损伤，老化和肿瘤的发生、进展中起着重要作用，并具有潜在的治疗意义，至今仍是生物医学研究的热点。

细胞凋亡过多可引起疾病发生，如艾滋病的发展过程中，CD4[+] T 细胞数目的减少；移植排斥反应中，细胞毒性 T 细胞介导的细胞死亡；缺血及再灌注损伤导致心肌细胞和神经细胞的凋亡增多；暴露于电离辐射可引起多种组织细胞的凋亡等，会导致组织器官的退行性病变和免疫缺陷性疾病等。

细胞凋亡过少也可引起疾病发生，在肿瘤的发生过程中，诱导凋亡的基因如 *p53* 等失活、突变，而抑制凋亡的基因如 *bcl-2* 等过度表达，都会引起细胞凋亡显著减少，在肿瘤发病学中具有重要意义；针对自身抗原的淋巴细胞的凋亡发生障碍可导致自身免疫性疾病；某些病毒能抑制其感染细胞的凋亡而使病毒存活。

（二）细胞凋亡的形态变化

电镜下，细胞凋亡的形态学变化是多阶段的，可分为：①细胞质浓缩，核糖体、线粒体等聚集，细胞体积缩小，结构更加紧密。②染色质逐渐凝聚成新月状附于核膜周边，嗜碱性增强。细胞核固缩成均一的致密物，进而断裂为大小不一的片段。③胞膜不断出芽、脱落，细胞变成数个大小不等的由胞膜包裹的凋亡小体（apoptotic body）（图4-82）。凋亡小体内含细胞质、细胞器和核碎片，有的不含核碎片。④凋亡小体被具有吞噬功能的细胞如巨噬细胞、上皮细胞等吞噬、降解。⑤凋亡发生过程中，细胞膜保持完整，细胞内容物不释放出来，所以不引起炎症反应。

光镜下，凋亡一般累及单个或少数几个细胞，凋亡细胞呈圆形，胞质红染，细胞核染色质聚集成团块状（图4-83）。由于凋亡细胞迅速被吞噬，又无炎症反应，因此在常规切片检查时，一般不易被发现，但在某些组织如反应性增生的次级淋巴滤泡生发中心易见到。发生病毒性肝炎时，嗜酸性小体形成即是发生凋亡的肝细胞。

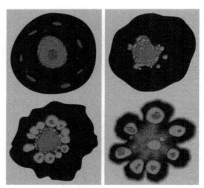

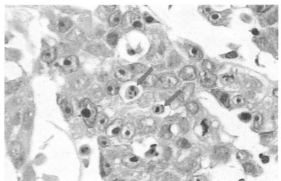

▲ 图4-82 细胞凋亡模式图　　▲ 图4-83 凋亡细胞

（三）细胞凋亡与坏死的区别

目前认为，细胞坏死与凋亡的形态改变不同（图4-84，图4-85）。坏死表现为细胞肿大，细胞器肿胀、破坏，细胞核早期无变化，晚期染色质破碎断裂成许多不规则的小凝块，呈簇状，胞膜破裂，胞质内容物释放，诱发炎症反应。坏死是成群的细胞死亡，而凋亡一般是单个细胞的死亡，无炎症反应（表4-1）。根据细胞凋亡及与坏死发生机制的区别不难看出，有多种方法可检测凋亡细胞。然而应当指出，已有一些文献将细胞死亡分为细胞凋亡和细胞胀亡（oncosis），它们所致的最后结果则为坏死。从细胞核的变化看，细胞凋亡强调核碎裂和细胞皱缩，而细胞胀亡则强调核溶解。这一观点能否被普遍接受，有待实践和时间的检验。

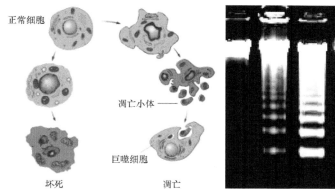

▲ 图 4-84　细胞凋亡与细胞坏死模式图

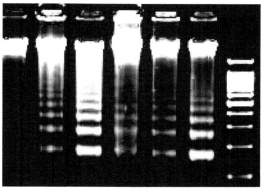

▲ 图 4-85　细胞凋亡后的梯状 DNA

表 4-1　细胞凋亡和细胞坏死的区别

区别点	细胞凋亡	细胞坏死
起因	生理或病理性	病理性变化或剧烈损伤
范围	单个散在细胞	大片组织或成群细胞
细胞膜	保持完整，一直到形成凋亡小体	破损
染色质	凝聚在核膜下，呈半月状	呈絮状
细胞器	无明显变化	肿胀，内质网崩解
细胞体积	固缩变小	肿胀变大
凋亡小体	有，被邻近细胞或巨噬细胞吞噬	无，细胞自溶，残余碎片被巨噬细胞吞噬
基因组 DNA	有控降解，电泳图谱呈梯状	随机降解，电泳图谱呈涂抹状
蛋白质合成	有	无
调节过程	受基因调控	被动进行
炎症反应	无，不释放内容物	有，释放内容物

第四节　细胞超微结构的基本病变

细胞由细胞核、细胞质、细胞膜 3 部分组成，在致病因素作用下，其病变也主要表现在这 3 个部位。

一、细胞膜的病变

细胞膜包在细胞的最外层，保持着细胞内环境的稳定。各种致病因素作用于细胞，首先损伤的是细胞膜，特别是那些直接损伤细胞膜的致病因素；有时细胞膜的损伤也可继发于细胞内的病理过程。

（一）细胞膜形态结构的改变

在机械力的作用下细胞强烈变形，可引起细胞膜的破裂。例如，血液感染寄生虫（球虫、疟原虫）时，由于虫体在红细胞内大量繁殖，导致细胞膜破裂，引起溶血。

在电子显微镜下，正常细胞膜为两暗一明单位膜结构（图 4-86）。细胞膜的损伤可导致细胞内容物的外溢或组织间的水分进入细胞内，引起细胞肿胀，甚至破裂、崩解。在膜破损处，伴有大小不等的囊泡出现（图 4-87）；在细胞膜受到严重损伤时，可见形成同心圆层状卷曲，即髓鞘样结构。

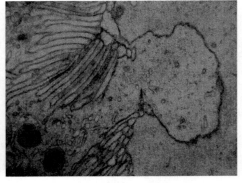

▲ 图 4-86　正常细胞膜（源自中国医科大学）

▲ 图 4-87　　细胞膜囊泡（源自《超微病理学》）

（二）细胞膜特化结构的病变

细胞膜特化结构包括微绒毛、纤毛等（图 4-88，图 4-89）。在致病因素的作用下，细胞游离表面的特化结构可以发生改变或消失。例如，感染兔出血症病毒的患兔的气管黏膜上皮的纤毛可发生倒伏、粘连、断裂，严重时可发生纤毛的大片脱落缺损（图 4-90）。又如感染肠道病毒时，可引起肠道黏膜上皮的微绒毛断裂、缺失，造成吸收功能降低，大量液体潴留于肠腔，导致腹泻（图4-91）。

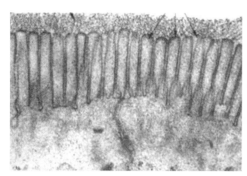

▲ 图4-88 正常细胞微绒毛（源自生物谷，http://www.bioon.com）

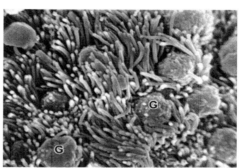

▲ 图4-89 正常细胞纤毛
G. 杯状细胞

▲ 图4-90 微绒毛倒伏（源自《超微病理学》）

▲ 图4-91 纤毛缺失、倒伏

二、细胞质的病变

（一）内质网的病变

内质网受到有害因子作用时，可发生量和形态的变化。

1）内质网数量的改变：药物中毒时，肝细胞滑面内质网数量增加（滑面内质网有解毒功能）（图4-92）；细菌和病毒感染时，浆细胞的粗面内质网增加，合成免疫球蛋白（图4-93，图4-94）。

2）内质网形态的改变：缺氧、中毒、感染、营养不良时，可引起内质网肿胀。内质网肿胀是水分和盐类大量进入细胞内的结果（图4-95），在显微镜下表现为颗粒变性或水泡变性。

▲ 图 4-92　粗面内质网

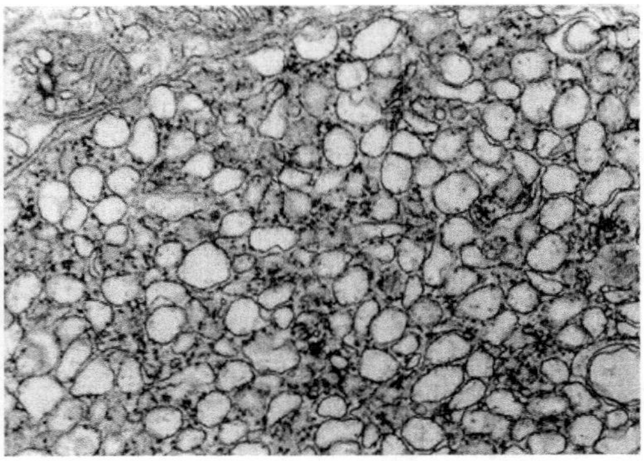

▲ 图 4-93　滑面内质网

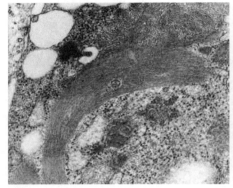

▲ 图 4-94　粗面内质网增生（源自百
里挑医，http://www.100v1.com）

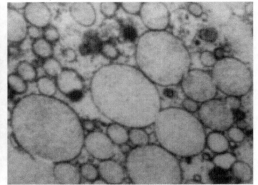

▲ 图 4-95　粗面内质网扩张

3）内质网脱颗粒：粗面内质网膜上附着的核糖体颗粒不同程度地脱失或完全脱失，简称内质网脱颗粒。黄曲霉中毒、多环碳氢化合物都可以引起内质网脱颗粒，可能这些物质的致病作用就在于它们控制蛋白质合成上的变化（图 4-96）。

4）内质网包涵物：在病理情况下，内质网中可以出现各种包涵物，如脂肪变性和四氯化碳中毒时，在肝细胞的内质网中出现由界膜包裹的脂滴，称为脂质体（图 4-97）。

（二）高尔基体的病变

在病理条件下，高尔基体的数量和形态均可发生改变，表现出肥大或萎缩及内容物的变化。但与其他细胞器相比，高尔基体对许多致病因素的敏感性较低，在病变初期高尔基体的变化不明显（图 4-98）。

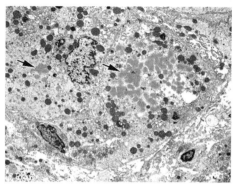

▲ 图 4-96 内质网脱颗粒 ▲ 图 4-97 内质网包涵物

1）高尔基体肥大：表现为扁平囊和大泡、小泡数目增加或高尔基体增多而占据胞质的大部分。在细胞功能亢进时，高尔基体肥大，如肾上腺皮质再生时，垂体前叶分泌促肾上腺皮质激素的细胞中高尔基体显著肥大（图 4-99）。

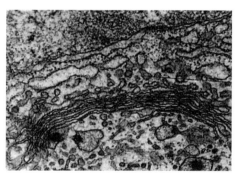
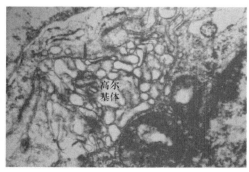

▲ 图 4-98 正常细胞的高尔基体（源自《超微病理学》） ▲ 图 4-99 高尔基体肥大（源自《超微病理学》）

2）高尔基体萎缩：表现为高尔基体扁平囊和大泡、小泡的数量减少，高尔基体体积减小，甚至消失。饥饿、蛋白质缺乏和分泌功能障碍均可引起高尔基体萎缩。

3）高尔基体扩张：见于组织、细胞缺血、缺氧时。另外，高尔基体与脂蛋白合成、分泌有关。当中毒因子引起脂肪肝时，肝细胞高尔基体内脂蛋白颗粒消失，形成大量扩张或断裂的大泡（图 4-100）。

4）高尔基体崩解：细胞在大剂量的射线作用下，可发生高尔基体崩解的现象。

（三）溶酶体的病变

溶酶体内含有大量水解酶，能杀灭微生物，参与细胞的代谢和解毒，所以溶酶体与疾病的关系密切（图4-101）。

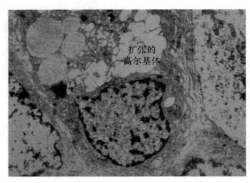

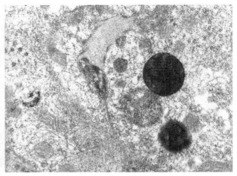

▲ 图4-100 高尔基体扩张（源自《超微病理学》）

▲ 图4-101 正常溶酶体（http://www.uni-mainz.de）

1）溶酶体贮积：是一类先天性缺损病，由于溶酶体缺乏某些酶，相应的作用底物不能被分解而聚集于溶酶体内，从而造成代谢障碍，导致疾病的发生。例如，有些患者缺乏葡萄糖苷酶，糖原无法分解而积累于溶酶体，使溶酶体越变越大（图4-102）。

2）溶酶体过载：由于进入细胞内的物质过多，超过了溶酶体酶所能处理的量，因此在细胞内贮积下来。例如，各种原因引起蛋白尿时，可在近曲小管上皮细胞内见到玻璃样物质，在电镜下这些玻璃样物质其实是增大的载有蛋白质的溶酶体（图4-103）。

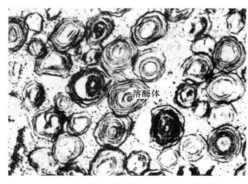

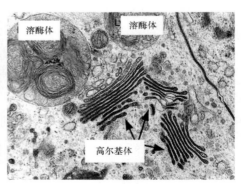

▲ 图4-102 溶酶体贮积（源自《超微结构图谱》）

▲ 图4-103 溶酶体过载

3）溶酶体破裂和硅肺：当肺吸入硅尘颗粒，颗粒被巨噬细胞吞噬，硅分子引起巨噬细胞膜破裂，导致细胞死亡，死亡巨噬细胞诱导成纤维细胞增生，使肺硬化成硅肺。

4）溶酶体与细胞自溶：溶酶体对自身的物质也能进行分解。若水解酶不能将底物彻底消化溶解，则溶酶体转化为细胞内残体，如某些长寿细胞中脂褐素即溶酶体转化的细胞内残体。

5）溶酶体与细胞间质损伤：当溶酶体释放到细胞间质中时，可对间质成分造成破坏。例如，类风湿关节炎、关节软骨细胞的损伤被认为是由细胞内溶酶体膜脆性增加，溶酶体酶局部释放所致。肾上腺皮质激素和吲哚美辛可稳定溶酶体膜，用于治疗类风湿关节炎。

（四）线粒体的病变

线粒体是供能场所，是一个敏感而多变的细胞器（图 4-104）。在细胞受到损伤时，线粒体的大小、数量及结构均可发生改变。

1）线粒体大小的改变：线粒体大小发生改变是细胞损伤最常见的病变，任何能破坏线粒体氧化磷酸化功能的有害因素，都能破坏线粒体膜的渗透性，引起水和电解质平衡紊乱，最后导致线粒体肿胀。线粒体肿胀可分为嵴型肿胀和基质型肿胀两种类型。其中，基质型肿胀较为常见，如缺氧、中毒和渗透压改变时。线粒体肿胀时，体积变大、变圆，基质变淡，嵴变短、变少甚至消失；极度肿胀时，线粒体呈小空泡状，光镜下，颗粒变性细胞中所见的细颗粒即为肿大的线粒体（图 4-105）。线粒体肿胀多为可逆性改变，只要损伤较轻，在病因消除后，一般都能恢复。

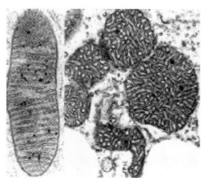

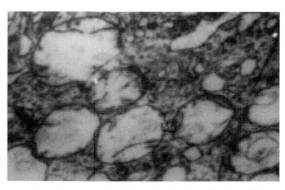

▲ 图 4-104 正常线粒体（源自中国医科大学）　▲ 图 4-105 线粒体肿胀（源自《超微病理学》）

2）线粒体数量的改变：在病理状态下，线粒体可发生增生，如串珠镰刀菌素对小型猪心肌的损伤作用除了导致线粒体肿胀变性外，还可引起线粒体增生（图 4-106）。实际上，线粒体的增生是对慢性非特异性细胞损伤的适应性反应或细胞功能加强的表现。此外，线粒体的减少也是细胞未成熟或去分化的表现，如肝癌细胞的线粒体数目比正常细胞少。

3）线粒体结构的改变：如缺血时间延长 30 ～ 60min，线粒体的内膜即发生结构和功能的变化，出现凝集性线粒体，呈内室浓缩、外室扩张，再持续缺血，则线粒体病变加剧，有的凝集，有的肿大为巨型线粒体（图 4-107）。

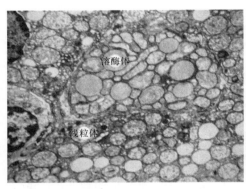
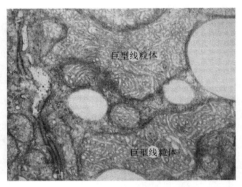

▲ 图 4-106　线粒体数量增加（源自《超微病理学》）

▲ 图 4-107　线粒体结构改变（源自《超微病理学》）

（五）细胞核的病变

1）细胞核形态的改变：正常细胞在光镜下具有相对稳定的细胞核形状。在病理情况下，细胞核失去原有的形态特征，变成奇形怪状的不规则形（图 4-108），如肿瘤细胞的核常有核分裂相，核的形状不规则。

2）核内包涵体：某些细胞损伤时，核内出现除正常成分以外的各种物质，称为核内包涵体。例如，在发生某些病毒感染时，常可在核内出现特殊的包涵体（图 4-109）。

3）坏死细胞核的超微变化：在电镜下，核固缩的表现为染色质在核内聚集成致密浓染的大小不等的团块状（图 4-110）；核碎裂的表现为染色质逐渐边集于核膜内层（图 4-111）；核溶解的表现为核内染色质消失，仅有核的轮廓。

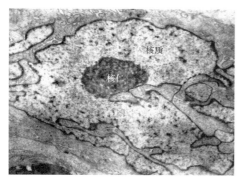

▲图4-108 核畸形（源自《超微病理学》）

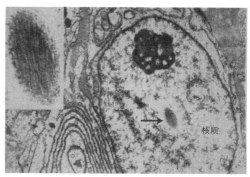

▲图4-109 核内包涵体（源自《超微病理学》）

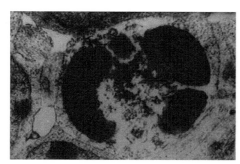

▲图4-110 核固缩

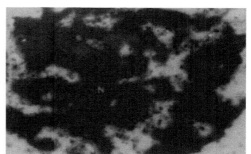

▲图4-111 核碎裂

第五节 病理性物质沉着

病理性物质沉着是指某些病理性物质沉积在器官、组织或细胞内。

一、病理性钙化

钙是动物机体必需的重要矿物质之一，在正常情况下，只有骨和牙齿内的钙盐呈固体状态，称为钙化。在病理状态下，钙盐以固体形式沉积于除骨和牙齿以外的组织内称为钙盐沉着或病理性钙化（pathologic calcification）。可分两种形式：营养不良性钙化和转移性钙化。

（一）机制

在正常情况下，血液中钙和磷含量的比值是恒定的，两者含量的乘积为

35，这数值称为钙磷溶解度乘积常数。当血液的钙磷溶解度乘积常数大于35时，钙、磷以骨盐的形式沉积于骨组织。

1）营养不良性钙化（dystrophic calcification）：指钙盐沉着在变性、坏死组织等部位（图4-112）。

发生营养不良性钙化时，机体的血钙并不高，即没有出现全身性钙代谢障碍。那为什么引起钙化，其机制还不清楚。一般认为，坏死组织释放碱性磷酸酶，水解磷酸酯，使磷酸根离子浓度升高，导致血液的钙磷溶解度乘积常数大于35；还有人认为与坏死组织pH有关，认为由坏死组织酸化、钙离子析出增多所致。

2）转移性钙化（metastatic calcification）：指由于血钙浓度升高及钙、磷代谢紊乱或局部组织pH改变，钙在未损伤组织中沉着的病理过程（图4-113）。

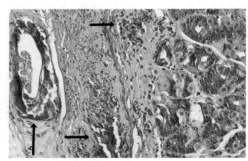
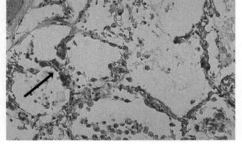

▲ 图4-112　胃黏膜营养不良性钙化　　▲ 图4-113　肺转移性钙化

原因：①甲状旁腺机能亢进，甲状旁腺素促进骨质溶解，使血钙升高。②骨质大量破坏，钙盐进入血液。③维生素D摄入量过多，促进钙盐的吸收。

转移性钙化有一定的选择性，常发部位为肺、肾、胃黏膜和动脉管壁等处。

（二）病理变化

营养不良性钙化和转移性钙化的病理变化基本相同。

眼观：钙化组织为白色、石灰样、坚硬的颗粒或团块，刀切时发出磨砂声（图4-114）。

镜检：钙盐呈蓝色颗粒（图4-115）。

（三）结局和对机体的影响

小的钙化可被机体吸收，大的钙化被周围结缔组织包围形成包囊，可防

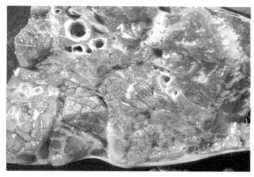
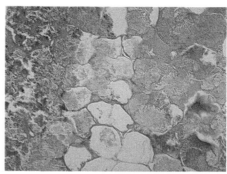

▲ 图 4-114　肺钙化灶（源自 Cornell University College of Veterinary Medicine）　　▲ 图 4-115　蓝色钙化颗粒

止病因和坏死组织对机体的进一步损害。但钙化也会给器官机能带来不利的影响，如血管钙化可引起血管弹性降低、变脆，甚至破裂出血。

二、痛风

痛风（gout）是指血液中尿酸浓度升高，并以尿酸盐的形式沉着在体内的一些组织器官引起的疾病。

（一）原因和机制

痛风的原因和机制比较复杂，现在不完全清楚。一般认为与下列因素有关。

1）饲料中蛋白质含量过高：蛋白质含量过高，则形成的尿酸增多。

2）肾排泄机能发生障碍：①维生素 A 缺乏时，肾小管上皮受影响。②传染病损伤肾机能。③中毒造成肾机能障碍。

（二）病理变化

根据尿酸盐沉着部位不同，分为内脏型和关节型。

1）内脏型痛风：由尿酸盐沉着在内脏器官所致。

眼观：尿酸盐可沉着在内脏器官的表面，在其表面形成白色薄膜；在肾内沉着时，可引起肾肿大，使其表面呈花纹状，输尿管充满白色尿酸盐（图 4-116）。

镜检：可见均质、粉红色、大小不等的痛风结节（图 4-117）。

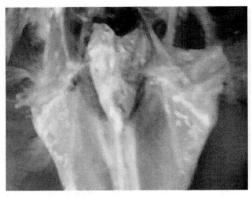
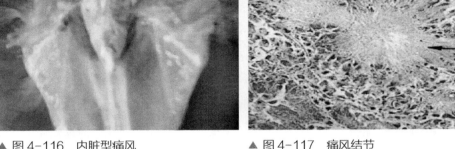

▲ 图4-116　内脏型痛风　　　　　　　　　▲ 图4-117　痛风结节

2）关节型痛风：病变的关节肿大，切开后可见白色尿酸盐沉着（图4-118）。

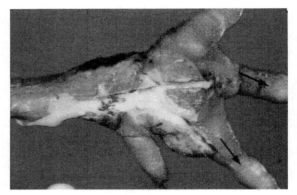

▲ 图4-118　关节型痛风

（三）对机体的影响

轻微的痛风待病因消除后可逐渐消失，大量的尿酸盐沉着会带来严重的后果，如关节型痛风引起运动障碍，内脏型痛风可导致肾衰竭，危及生命。

三、病理性色素沉着

组织中有色物质称为色素，在器官组织中正常的色素物质增多或不含色素的组织中出现色素物质的病理过程称为色素沉着。

1. 黑色素沉着

黑色素是由成黑色素细胞产生的一种色素，存在于一些正常的器官组织中。如果在不含黑色素的部位出现黑色素沉着或含有黑色素的器官组织其黑色素沉着量增多，均称为异常黑色素沉着。先天性黑色素沉着称为黑变病（图4-119）。黑变病对机体无明显影响。

　　眼观：黑色素沉着组织呈黑色或褐色（图4-120）。

　　镜检：黑色素细胞内含有许多颗粒状的黑色素（图4-121）。

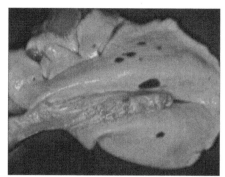

▲ 图 4-119　肺黑变病

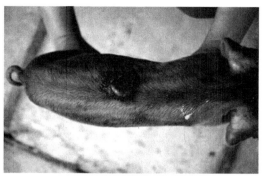

▲ 图 4-120　黑色素沉着（源自 Cornell University College of Veterinary Medicine）

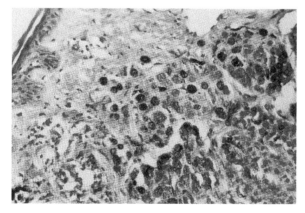

▲ 图 4-121　黑色素细胞

2. 胆红素沉着

　　胆红素主要是红细胞被破坏后的代谢产物，如果血液中胆红素含量过高，可使全身各个组织器官呈黄色，这种病理状态称为黄疸（图4-122，图4-123）。

3. 脂褐素

　　脂褐素为一种不溶性的脂类色素，是不饱和脂肪经过氧化作用而衍生出

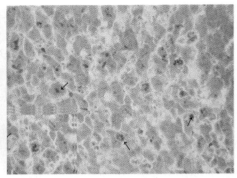

▲ 图 4-122　溶血性黄疸　　　　　　　　▲ 图 4-123　肝胆红素

的复杂色素。脂褐素存在实质器官细胞质中，呈颗粒状，常见于心肌纤维、肝细胞、神经细胞和肾上腺皮质细胞中。它是细胞衰老的一种表现，在肌肉中大量脂褐素沉积会影响肌肉的质量（图4-124）。

4. 含铁血黄素

含铁血黄素是一种血红蛋白源性色素，呈金黄色或黄棕色、大小不等的颗粒状，因其含铁，故称含铁血黄素。它是巨噬细胞吞噬红细胞后，由血红蛋白衍生的。有含铁血黄素的组织器官一般伴有出血，大量含铁血黄素沉积会影响器官的功能（图4-125）。

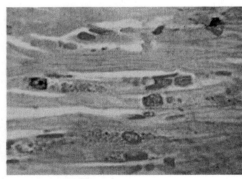

▲ 图 4-124　脂褐素　　　　　　　　　▲ 图 4-125　含铁血黄素

第五章
修复、代偿和适应

动物组织的修复、代偿和适应是一种积极能动的活动过程。

修复是指组织缺损由周围健康组织再生来加以修补的过程，包括再生、创伤的愈合等。

代偿是指在致病因素的作用下，体内出现代谢、功能障碍和组织结构破坏时，机体通过相应器官的代谢改变、机能加强或形态结构变化来补偿的过程，包括代谢性代偿、功能性代偿和结构性代偿。

适应是指组织细胞改变其功能和形态结构以应对改变了的环境条件及新功能要求的过程，包括萎缩、增生、肥大、化生等。

第一节　修　复

当组织细胞出现"耗损"时，机体进行吸收清除，并以实质细胞再生和（或）纤维性结缔组织增生的方式加以修补恢复的过程称为修复（repair）。这一概念包含一个前提和三个要素。前提是必须先有细胞或组织的"耗损"，所谓"耗"指的是组织细胞生理性的老化、凋亡等消耗，而"损"指的是病理性损伤。三个要素：①机体通过免疫、炎症反应对耗损区内坏死组织、碎屑、异物和病原等进行吸收清除；②如果损耗的实质细胞有再生能力和适宜条件，则通过邻近存留的同种实质细胞再生进行修补恢复，因为此种修复可完全恢复原有细胞、组织的结构和功能，故称此为再生性修复或完全性修复；③在病理状态下，如果实质细胞不能再生或仅有部分能再生，组织缺损则全部或部分由新生的富含小血管的纤维性结缔组织（肉芽组织）来修补充填并形成瘢痕，因为它只能恢复组织的完整性，不能完全恢复原有的结构和功能，故称此为瘢痕性修复或不完全性修复。下面重点叙述实质细胞再生和纤维性结缔组织增生的过程和在修复中作用。在此基础上，还将对临床上最常见的软组织创伤（多种组织损伤综合在一起）愈合和骨折愈合的一般规律加以阐述，为临床学习和医疗实践奠定理论基础。

一、再生

组织缺损后，由相邻健康组织细胞分裂增生来修复的过程称为再生（regeneration）。一般动物都有再生能力，但高等动物随着进化的不断完善，其再生能力逐渐降低，有些组织不能再生。

（一）再生的类型

再生可分为生理性和病理性两种。

1. 生理性再生（physiologic regeneration）

生理性再生是指在正常生命活动过程中发生的再生。表现为衰老和消耗的细胞不断被同种新生的细胞所补偿，如皮肤角质层脱落后，基底层不断再生而补充，血细胞衰老后，骨髓造血细胞不断分裂补充。

2. 病理性再生（pathologic regeneration）

病理性再生是指在病理条件下所发生的旨在修复病理性损伤的一种再生现象。可分为两种。

1）完全再生（complete regeneration）：再生组织的结构和功能与原来完全相同，称为完全再生。主要发生在再生能力较强的组织，而且是在所受损伤比较小的条件下，如皮肤和黏膜上皮发生比较小的损伤后，常采取此种方式再生。

2）不完全再生（incomplete regeneration）：即损伤的组织不能完全由结构和功能相同的组织来修复，而由肉芽组织来代替，最后形成瘢痕，又称瘢痕修复。它主要见于较大范围的损伤和再生能力缺乏的心肌和神经组织的修复。

（二）影响再生的因素

1. 全身因素

1）年龄：幼龄动物的组织再生能力强，愈合快且完全；老龄动物再生能力差，愈合慢且不完全。

2）营养状况：营养对组织再生有很大影响，饲料中长期缺乏蛋白质时，肉芽组织和胶原纤维合成受抑制；缺乏维生素C也有同样的影响；缺锌也影响愈合。

3）激素：激素影响组织的生长。大剂量的肾上腺皮质激素能抑制炎性渗出、毛细血管的形成、成纤维细胞的增生及胶原纤维的合成。因此在创伤愈合过程中，要避免大剂量使用这类激素。

4）神经系统的状态：当神经系统受到损害时，由于神经营养机能的失调，组织再生受到抑制。

2. 局部因素

1）伤口感染：这是影响愈合很重要的局部因素。局部感染时，许多化脓菌产生一些毒素和酶，引起组织坏死，基质和胶原纤维溶解，这不仅加重了局部组织损伤，还妨碍愈合。

2）局部血液循环状况：局部血液循环良好，有利于坏死物质的吸收和组织的再生；而血液供应不足时，延缓创面愈合。

3）神经支配：完整的神经支配对组织再生有一定的积极作用。局部神经受损后，它所支配的组织的再生过程常不发生或不完善，因为再生依赖完整的神经支配。

4）电离辐射：电离辐射能破坏细胞，损伤小血管，抑制组织再生，因此能阻止瘢痕形成。X射线抑制肉芽组织形成，紫外线促进创伤愈合。

5）其他：创伤大小、局部组织的再生能力均影响组织再生。

（三）细胞周期和不同类型细胞的再生潜能

细胞周期（cell cycle）由间期（interphase）和分裂期（mitotic phase，M期）构成（图5-1）。间期又可分为G_1期（DNA合成前期）、S期（DNA合成期）和G_2期（DNA合成后期）。不同种类的细胞，其细胞周期的时程长短不同，在单位时间内可进入细胞周期进行增殖的细胞数也不相同，因此具有不同的

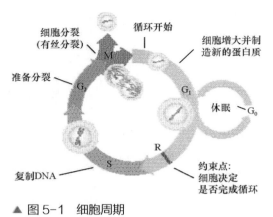

细胞分裂
(有丝分裂)
循环开始
细胞增大并制
造新的蛋白质
准备分裂
休眠 — G₀
约束点:
细胞决定
是否完成循环
复制DNA

▲ 图 5-1 细胞周期

再生能力。一般而言，低等动物的细胞或组织的再生能力比高等动物强。就个体而言，幼稚组织的再生能力比分化成熟组织强；平时易受损伤的组织及生理状态下经常更新的组织有较强的再生能力。除了主要由非分裂的永久细胞构成的组织外，多数成熟的组织都含有具有分裂能力的静止细胞（G_0 期细胞），当其受到刺激时，可重新进入细胞周期。按再生能力的强弱，可将细胞分为 3 类。

1. 不稳定性细胞

不稳定性细胞（labile cell）是指一大类再生能力很强的细胞，在细胞动力学方面，这些细胞循环进入细胞周期而增生分裂。在生理情况下，这类细胞就像新陈代谢一样周期性更换。发生病理性损伤时，这些细胞常常表现为再生性修复。属于此类细胞的有表皮细胞，呼吸道和消化道黏膜被覆细胞，雌、雄性生殖器官管腔被覆细胞，淋巴、造血细胞及间皮细胞等。

2. 稳定性细胞

稳定性细胞（stable cell）有较强的潜在再生能力。在生理情况下处在细胞周期的静止期，不增殖。但是当受到损伤或刺激时，即进入 G_1 期，开始分裂增生，参与再生修复。

属于此类细胞的有各种腺体及腺样器官的实质细胞，如消化道、泌尿道和生殖道等黏膜腺体，肝、胰、涎腺、内分泌腺、汗腺、皮脂腺的实质细胞及肾小管上皮细胞等。此外，还有原始的间叶细胞及由其分化出来的各种细胞，如成纤维细胞、内皮细胞、成骨细胞等，虽然成软骨细胞及平滑肌细胞也属于稳定性细胞，但在一般情况下再生能力很弱，再生性修复的实际意义很小。

3. 永久性细胞

永久性细胞（permanent cell）是指不具有再生能力的细胞，此类细胞出生后即脱离细胞周期，永久停止有丝分裂。属于此类的有神经细胞（包括中枢的神经元和外周的节细胞）。另外，心肌细胞和骨骼肌细胞的再生能力也极弱，没有再生性修复的实际意义，一旦损伤破坏则永久性缺失，代之以瘢痕性修复。

　　附：成体干细胞是存在于机体组织中的一类原始状态细胞，它们具有自我复制和更新、分化、多向分化的特点，用于维持新陈代谢和创伤修复。目前有研究证明，神经细胞、心肌细胞不能再生的传统概念正在逐渐改变。正常生理情况下，心肌细胞可以增殖和再生，在病理状态下，心肌细胞增殖与再生加速，再生的心肌细胞由干细胞分化而来。神经干细胞存在于中枢神经系统的广泛区域，在特定环境和因子的诱导下能定向分化成不同的神经细胞类型，为脑损伤的修复提供了新的途径。

（四）各种组织的再生

1. 上皮组织的再生

　　1）被覆上皮的再生：皮肤和黏膜的被覆上皮都具有强大的再生能力。当上皮组织受损时，边缘基底层的细胞分裂增殖，先形成单层，然后增生为复层（图5-2，图5-3）。

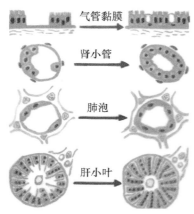 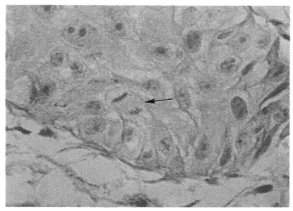

▲ 图5-2　上皮再生模式图　　▲ 图5-3　表皮再生

　　2）腺上皮的再生：腺上皮的再生能力比被覆上皮差，但也有较强的再生能力。若仅腺上皮损伤，而基底膜没有受损，可由残存的上皮分裂修补，实现完全再生；若腺体的结构完全被破坏（包括基底膜受损），则难以再生（图5-4）。例如，肾小管的上皮细胞受到损伤，若保存有基底膜者可以实现再生性修复，否则为瘢痕性修复（图5-5）。

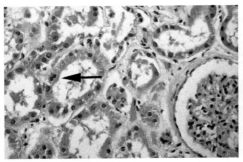

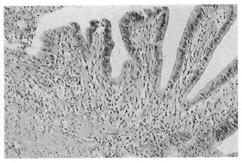

▲ 图5-4　肾小管上皮再生　　　　　　▲ 图5-5　腺上皮再生

3）肝细胞的再生：肝细胞有很强的再生能力，如大白鼠肝清除90%，2周就可恢复原来的重量，但结构的恢复需要较长时间。如果肝细胞损伤不严重，网状支架仍完整，再生的肝细胞可沿支架生长，恢复正常结构，达到完全再生（图5-6）；若网状支架遭到破坏，肝细胞形成不规则的细胞团块，不能形成肝小叶。

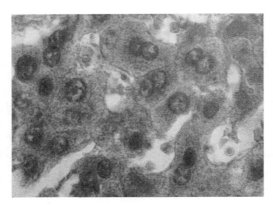

▲ 图5-6　肝细胞再生

2. 结缔组织的再生

结缔组织的再生能力很强，其再生不仅发生于结缔组织损伤之后，还发生于其他组织受损后不能完全再生时。在损伤的刺激下，结缔组织残存的成纤维细胞开始分裂和增生（图5-7）。成纤维细胞或来自静止的纤维细胞，或来自未分化的原始间叶细胞。幼稚的成纤维细胞多为小圆形、圆形或椭圆形，进而可形成肥硕的多边形或星芒状胞体，两端常有突起，胞质略嗜碱性（染成淡蓝色），胞核大而圆，淡染有1～2个核仁（图5-8）。再生一过程可发生在两种情况下：一种是发生在真皮、皮下及筋膜等纤维性结缔组织发生损伤时，应属于再生性修复，可恢复原有的结构和功能；另一种是发生在上皮、肌肉、软骨等实质细胞发生损伤而又不能进行再生时，由残存于间质的成纤维细胞或原始间叶细胞增生分化，与毛细血管增生一起修复缺损，应属于瘢痕性修复。

▲ 图 5-7 结缔组织再生

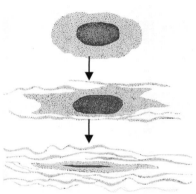

▲ 图 5-8 原始间叶细胞转化为纤维细胞模式

3. 血细胞的再生

血细胞的再生见于失血和红细胞严重破坏时。血细胞的再生发生在骨髓，严重时，肝、脾和淋巴结均可发挥造血机能。

4. 血管的再生

1）毛细血管的再生：又称血管形成，是以生芽方式来完成的。首先毛细血管的内皮细胞增大、分裂形成向外突起的幼芽，幼芽逐渐延长成为实心的内皮细胞条索，在血流的冲击下数小时后便可出现管腔，形成新的毛细血管，进而彼此吻合构成毛细血管网。新形成的毛细血管网经过不断改建，功能不断完善（图 5-9，图 5-10）。

2）大血管的修复：动脉、静脉一般不能再生，常在损伤后，管腔被血栓堵塞，而后由结缔组织取代，而血液循环由侧支循环完成。

5. 骨和骨组织的再生

骨组织的再生能力很强，受损后主要依靠骨膜的成骨细胞增殖来修复。

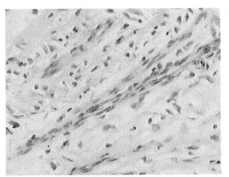

▲ 图 5-9 毛细血管再生

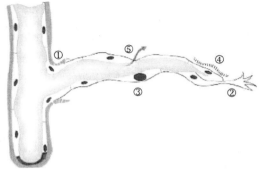

▲ 图 5-10 毛细血管再生模式图
①基底膜溶解；②细胞增生；③细胞间通透性增加；④细胞趋化；⑤血流再通

骨组织轻微受损时，骨膜的成骨细胞分裂增殖，在原有骨组织的表面形成一层新骨组织。

骨组织严重受损时，如骨折，其再生过程则十分复杂（图 5-11）。

1）血肿形成：骨组织和骨髓都有丰富的血管，骨折时在骨折的两端及其周围伴有大量出血，形成血肿，数小时后血肿发生凝固，与此同时常出现轻度的炎症反应。由于骨折伴有血管断裂，在骨折早期，常可见到骨髓组织的坏死，骨质亦可发生坏死，若坏死灶较小，可被破骨细胞吸收，如果坏死灶较大，可形成游离的死骨片。

2）纤维性骨痂形成：骨折后的 2~3 天，血肿开始由肉芽组织取代而机化，继而发生纤维化形成纤维性骨痂，或称为暂时性骨痂，1 周左右，上述增生的肉芽组织及纤维组织进一步分化，形成透明软骨。

3）骨性骨痂形成：上述纤维性骨痂逐渐分化出成骨细胞（图 5-12），并形成类骨组织，以后出现钙盐沉积。纤维性骨痂中的软骨组织转变为骨组织，形成骨性骨痂。

4）骨痂改建：新生骨组织的结构起初是不规则的，后来为适应重力和肌肉拉力所赋予的机能需求，按力学原则逐渐改建，外部的骨痂被清除，中间的骨痂形成骨密质，内部骨痂形成骨髓腔，从而达到骨组织的完全再生。在改建过程中有破骨细胞参与（图 5-13）。

6. 软骨组织的再生

软骨组织的再生能力很弱，较大的软骨组织缺损常由结缔组织修补，而较小的损伤则由成软骨细胞增殖形成软骨细胞，与软骨基质一起来补充缺损。

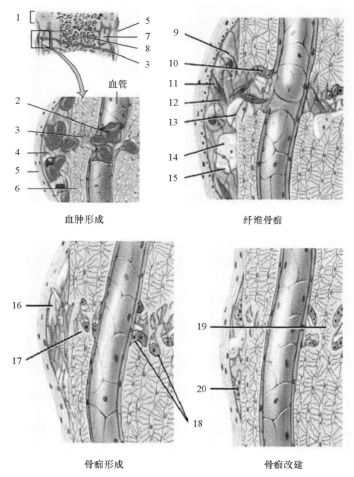

▲ 图 5-11　骨折再生模式图
1. 骨单位；2. 红细胞；3. 骨折血肿；4. 骨折片；5. 骨膜；6. 骨细胞；7. 骨密质；8. 骨松质；9. 巨噬细胞；10. 成骨细胞；11. 成纤维细胞；12. 骨性骨痂；13. 胶原纤维；14. 成软骨细胞；15. 软骨；16. 骨痂；17. 松质骨；18. 骨原细胞；19. 新的骨密质；20. 破骨细胞

7. 肌肉组织的再生

1）骨骼肌的再生：骨骼肌受损后，如果肌膜的完整性未被破坏，可以完全再生；如果肌膜损伤，肌纤维断裂，断端由结缔组织填补（图 5-14，图 5-15）。

2）平滑肌的再生：平滑肌再生能力较弱，损伤后常由结缔组织修补。

3）心肌的再生：心肌缺乏再生能力，死亡后一般由结缔组织补充而形成瘢痕。

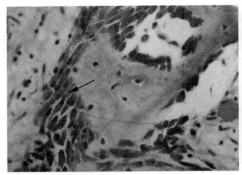

▲ 图 5-12 成骨细胞

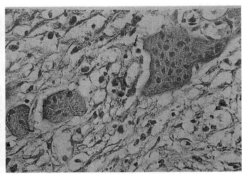

▲ 图 5-13 破骨细胞

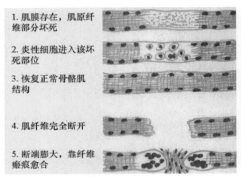

1. 肌膜存在，肌原纤维部分坏死

2. 炎性细胞进入该坏死部位

3. 恢复正常骨骼肌结构

4. 肌纤维完全断开

5. 断端膨大，靠纤维瘢痕愈合

▲ 图 5-14 肌肉再生模式图

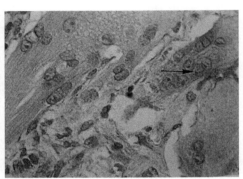

▲ 图 5-15 骨骼肌纤维再生

8. 神经组织的再生

1) 中枢神经的再生：成熟的神经细胞不能再生，死亡后由胶质细胞补充，从而形成胶质瘢痕。

2) 外周神经的再生：外周神经纤维损伤后，只要与它相连的神经细胞仍然存活，就能完全再生。

首先，远侧断端的神经纤维髓鞘及轴突发生崩解，并被吞噬、吸收；近侧断端的第一个郎飞结神经纤维也发生同样变化。之后，由两断端的施万细胞增生，形成带状的合体细胞，将断端连接，并形成髓鞘，此时近侧端轴突以每天 1mm 的速度向远侧端生长，伸入髓鞘内，最后到达末梢，完成神经纤维的再生（图 5-16）。

如果两侧断端相隔超过 2.5cm，或中间由瘢痕组织隔开，再生的轴突就不能到达远端，而与增生的结缔组织混在一起，卷曲成团，形成创伤性神经瘤，

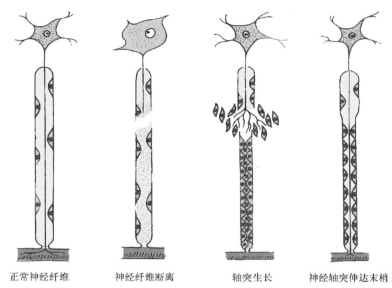

正常神经纤维　　　　神经纤维断离　　　　轴突生长　　　神经轴突伸达末梢

▲ 图 5-16　神经纤维再生模式图

从而引起顽固性疼痛。

（五）再生的调控

细胞增殖受基因的控制。目前，已知短距离调控细胞再生的主要因素包括三方面。

1. 细胞与细胞之间的作用

细胞在生长过程中，如果接触到其他细胞或密集的细胞外环境则停止生长，这种现象称为接触抑制。

2. 细胞外基质对细胞增殖的作用

实验证明，正常的细胞只有黏着于适当的基质上才能生长，脱离了基质则很快停止于 G_0 或 G_1 期。基质的各种成分对不同细胞的增殖有不同的作用，如层粘连蛋白可促进上皮细胞增殖，抑制成纤维细胞增殖，而纤维粘连蛋白的作用则恰好相反。

3. 生长因子及生长抑素的作用

近年来，从某些细胞分泌物中分离出一些多肽类物质，能特异性地与某些细胞膜的受体结合，激活细胞内某些酶，引起一系列的连锁反应，从而调节细胞生长、分化。能刺激细胞增殖的多肽称为细胞生长因子，能抑制细胞增生的多肽称为抑素。

重要的生长因子有两种。表皮生长因子：对上皮细胞、成纤维细胞、胶质细胞及平滑肌细胞的增殖有促进作用。血小板源性生长因子：来源于血小板，在凝血过程中释放，对成纤维细胞、平滑肌细胞及胶质细胞的增殖有促进作用。

与生长因子相比，对抑素的了解其少，至今，抑素还没有被纯化和鉴定。抑素具有组织特异性，似乎任何组织都可以产生一种抑素，从而抑制本身的增殖。例如，已分化的表皮细胞能分泌表皮抑素，抑制基底层细胞增殖，当皮肤受损时，使已分化的表皮细胞丧失，抑素分泌终止，基底层细胞分裂增生，直到增生分化的细胞达到足够数量和抑素达到足够浓度为止。

二、肉芽组织

肉芽组织（granulation tissue）由毛细血管内皮细胞和结缔组织成纤维细胞增殖所形成的富含新生毛细血管的幼稚的结缔组织组成。

（一）形态结构

肉芽组织主要包括新生的毛细血管、幼稚的成纤维细胞、少量的胶原纤维、数量不等的炎性细胞。

眼观：肉芽组织呈颗粒状，鲜红，质地柔软，类似肉芽，故称肉芽组织（图 5-17）。

镜检：可见丰富的新生毛细血管，并与创面垂直生长，在血管周围有许多成纤维细胞，还有大量的渗出液及炎性细胞，主要为巨噬细胞，也有少量的中性粒细胞（图 5-18）。

（二）形成过程

肉芽组织来源于损伤周围的毛细血管和结缔组织（图 5-19）。

1. 血管形成

组织损伤后，创伤底部和边缘原有的毛细血管以出芽方式增生，首先是毛细血管内皮细胞肿大、分裂、向管外突出，形成实心的内皮细胞幼芽，幼芽逐渐延长成实心内皮细胞条索，在血流的冲击下逐渐出现管腔，形成新的毛细血管，并相互沟通成网。

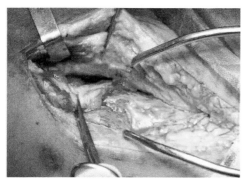

▲ 图 5-17 肉芽组织（眼观）

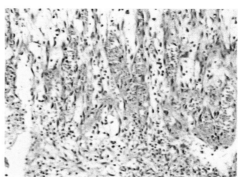

▲ 图 5-18 肉芽组织（镜检）

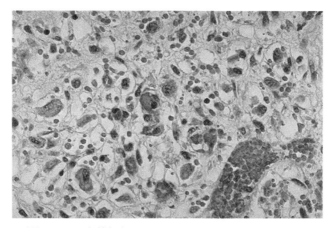

▲ 图 5-19 肉芽组织

　　毛细血管通常是由创底、创缘呈垂直方向由下向上生长，并以一支小动脉为中心向表面作弓形分支，分成许多毛细血管，与成纤维细胞一起构成均匀分布的小团块，突出表面呈颗粒状的外观。毛细血管形成初期，内皮细胞间有间隙，这样的血管常可漏出蛋白质，为成纤维细胞的生长提供了丰富的营养。

2. 成纤维细胞增殖

　　在毛细血管再生的同时，损伤组织邻近的间质由静止的纤维细胞转变为成纤维细胞，间叶细胞也可分化为成纤维细胞。成纤维细胞分裂、增生，并分泌胶原蛋白，在细胞周围形成胶原纤维。新生的成纤维细胞分布于新生的毛细血管之间，体积大，胞质丰富，核为椭圆形，染色浅，呈泡沫状。

3. 胶原纤维形成

胶原纤维是由成纤维细胞产生的，肉芽组织中胶原纤维的多少取决于其合成与分解的情况。

4. 炎性细胞渗出

组织损伤时，局部组织常发生充血、渗出等炎症反应，所以肉芽组织含有大量液体和炎性细胞，主要为巨噬细胞和中性粒细胞。

（三）作用

①抗感染和保护创面；②填补创口及其他组织损伤；③机化或包裹坏死组织、血栓、炎性渗出物及其他异物。

（四）结局

肉芽组织在组织损伤后 2~3 天即可出现，填补创口或机化异物，随着时间的推移，肉芽组织按其生长的先后顺序逐渐成熟，经纤维性结缔组织最后形成瘢痕组织（图 5-20）。

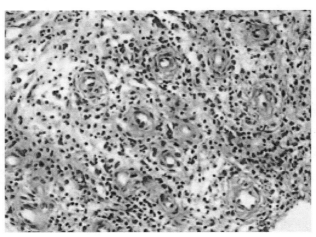

▲ 图 5-20　成熟肉芽组织

肉芽组织成熟的标志：①间质的水分逐渐被吸收而减少。②炎性细胞减少并逐渐消失。③部分毛细血管停止增生，管腔闭塞，数量减少，管壁增厚，改建为小动脉和小静脉。④成纤维细胞产生越来越多的胶原纤维，同时成纤维细胞数量减少，转变为纤维细胞。时间再长，胶原纤维量更多，毛细血管更少，至此，肉芽组织成熟为纤维性结缔组织，并且逐渐转化为老化阶段的瘢痕组织。

转化为瘢痕组织时，伤口发生收缩，创面缩小。瘢痕组织较硬，灰白色，缺乏弹性。

三、创伤愈合

当机械性外力作用于机体，引起组织器官的损伤或断裂后，由损伤周围的健康细胞分裂增殖而进行修复的过程称为创伤愈合。

根据损伤的程度、有无感染，创伤愈合分为第一期愈合和第二期愈合。

1. 第一期愈合

第一期愈合又称直接愈合。见于组织损伤少，创缘整齐，无感染，经黏合或缝合后创面对合严密时。

这种伤口中有少量血凝块，炎症反应轻微，一般创伤后 2~3 天就开始有结缔组织细胞及毛细血管内皮细胞分裂增殖，3~4 天新生的肉芽组织便从创缘长出，很快把创口填满，与此同时，被覆上皮再生逐渐覆盖创口，此时愈合伤口呈红色，稍隆起。

一般 7 天左右，新生的肉芽组织便成为纤维性结缔组织，此时即可拆除缝合线。之后，胶原纤维产生增多，愈合口逐渐收缩变平，红色消退，经 2~3 周完全愈合，因增生的肉芽组织少，创口表皮覆盖又较完整，故仅留下一条线状瘢痕（图 5-21）。第一期愈合所需时间短，形成的瘢痕小。

2. 第二期愈合

第二期愈合又称间接愈合。主要见于组织缺损大，创缘不整齐，无法对合，并伴有感染时。这种创口有较多的坏死组织、异物或脓液，其愈合过程与第一期愈合基本相同，但有以下差异（图 5-22）。

1）由于创口坏死组织多或感染，引起局部组织变性、坏死，发生明显的炎症反应，有大量的浆液和白细胞渗出，以清洗创腔、稀释毒素、溶解和吞噬坏死组织与病原微生物等。此时可见大量淡红色、微浑浊并含纤维素的黏稠脓性渗出物被覆于创面上，它可防止再感染。只有在感染被控制、坏死组织基本被清除的情况下，再生才开始。

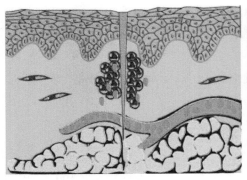
1. 创缘整齐，组织破坏少

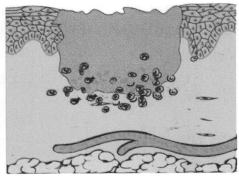
1. 创口大，创缘不整，组织破坏多

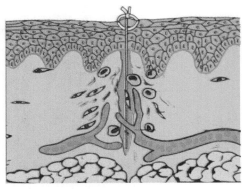
2. 经缝合，创面对合，炎症反应轻

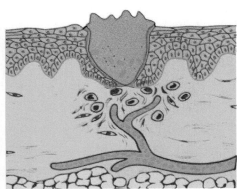
2. 创口收缩，炎症反应重

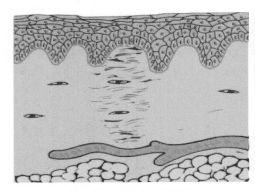
3. 表皮再生，愈合后少量瘢痕形成

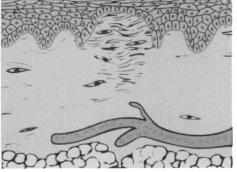
3. 表皮再生，愈合后形成瘢痕大

▲ 图 5-21 第一期愈合模式图   ▲ 图 5-22 第二期愈合模式图

2) 伤口大，因此必须从伤口底部和边缘长出大量肉芽组织，这样才能将伤口填平。

3）表皮再生一般在肉芽组织将伤口填平后开始。

4）愈合所需的时间长，形成的瘢痕大。

四、机化

坏死组织、炎性渗出物、血凝块和血栓等病理性产物被新生的肉芽组织取代的过程称为机化（organization）。

（一）病理性产物的机化过程

机体遭受损伤后，可出现各种病理性产物，当其数量少时，通常靠酶解及巨噬细胞溶解、吸收和清除。当病理性产物数量较多而不能清除时，则需由肉芽组织处理。此时，在病理性产物周围可见肉芽组织增生，其内巨噬细胞和中性粒细胞有溶解和吞噬作用。毛细血管能够促进吸收，成纤维细胞可填补缺损，在这些细胞的联合作用下，肉芽组织一边向病理性产物内部生长，一边吸收，最后完全将它取代，即发生机化。对于不能被机化的病理性产物或异物，可由新生的肉芽组织将其包裹，称为包囊形成。机化完成后，肉芽组织逐渐成熟并形成瘢痕组织。

（二）不同病理性产物的机化

1. 纤维素性渗出物的机化

浆膜表面的纤维素性渗出物（如纤维素性心包炎）被机化时，可使浆膜呈结缔组织性肥厚。

被机化的纤维素为灰白色、不透明斑块，有时在浆膜表面呈绒毛状（如绒毛心）（图 5-23）。在浆膜脏层和壁层之间充满纤维素性渗出物时，机化后可出现结缔组织性粘连（图 5-24）。

在纤维素性肺炎中，肺泡内的纤维素被机化（图 5-25），使结缔组织充塞于肺泡，肺组织实变如肉样，又称肉变（图 5-26），肺的呼吸功能丧失。

2. 坏死组织的机化

凝固性坏死灶被肉芽组织机化后，局部形成瘢痕。如果坏死组织的范围较大不能被机化时，则由肉芽组织包裹，使它与正常组织隔离，包裹的坏死物质逐渐变干，常有钙盐沉着（钙化）（图 5-27，图 5-28）。

▲ 图 5-23　绒毛心

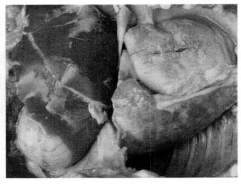

▲ 图 5-24　心包粘连

▲ 图 5-25　肺肉变

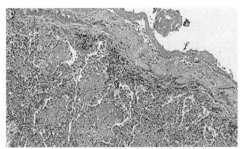

▲ 图 5-26　肺泡纤维机化

▲ 图 5-27　凝固性坏死

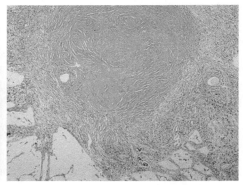

▲ 图 5-28　凝固机化后形成瘢痕

　　液化性坏死灶如脑软化灶，小的可由神经胶质细胞增生进行修复，局部形成胶质瘢痕；较大的则由神经胶质细胞和血管周围结缔组织增生将其包裹，其中软化物质逐渐被吸收，组织液渗入，形成一个充满澄清水样液体的囊腔（图 5-29，图 5-30）。

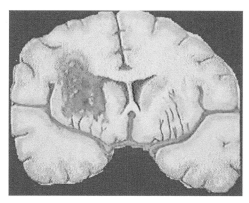
▲ 图 5-29 液化性坏死

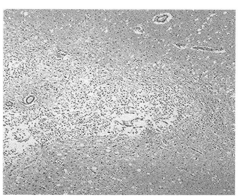
▲ 图 5-30 液化性坏死后机化

3. 异物的机化

组织内出现异物如铁钉、子弹、缝合线、寄生虫等时，其周围增生肉芽组织将其包裹。肉芽组织中往往可见多核的异物性巨噬细胞，较小的异物如缝合线、寄生虫等，可被异物性巨噬细胞吞噬、溶解，在异物被吸收后，异物性巨噬细胞随之消失，局部仅留下瘢痕组织。较大而坚硬的异物如子弹，则由结缔组织增生重重包裹（图 5-31）。

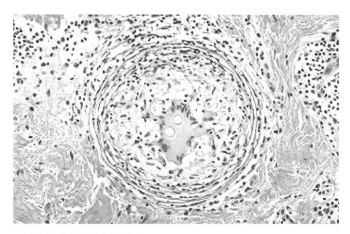
▲ 图 5-31 异物的机化

（三）机化的作用

机化可消除和限制各种病理性产物，是修复性反应，但机化也会使浆膜粘连和肺实变，影响器官的功能。

第二节 适 应

适应是组织细胞改变其功能和形态结构以适应改变了的环境条件及新功能要求的过程。机体的适应方式多种多样，本节主要介绍细胞和组织的适应反应，即组织细胞通过改变其功能和形态结构以适应改变了的环境条件，在形态上主要表现为萎缩、肥大、增生和化生等。

一、增生

器官或组织内实质细胞数量增加称为增生（hyperplasia）。

增生：为了适应增强的机能的需要。

再生：为了替代丧失的细胞。

增生分为生理性和病理性两种。

1. 生理性增生

生理性增生是指在生理条件下，组织器官由于生理机能增强而发生的增生。例如，妊娠后期和泌乳期，由雌激素和孕激素刺激引起的乳腺增生（图 5-32，图 5-33）。

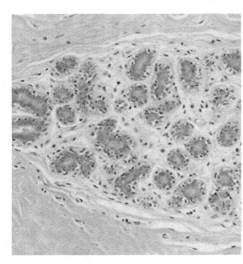

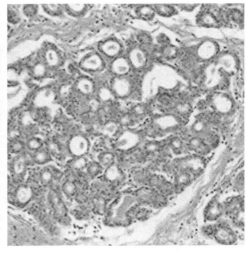

▲ 图 5-32　正常乳腺　　　　　　▲ 图 5-33　生理性增生乳腺（妊娠期）

2. 病理性增生

病理性增生是指由致病因素引起的组织或器官的增生。

1）慢性刺激：体内某些常发生反复性组织损伤的部位，由于组织反复再生修复而逐渐出现过度的增生，发生于某些慢性病变。球虫引起兔肝胆管黏膜上皮明显增生（图5-34）。

2）慢性感染与抗原刺激：免疫细胞病理性增生多由慢性传染病与抗原刺激引起。患慢性传染病和抗原刺激后，网状内皮系统和淋巴组织增生，表现为脾大和淋巴结肿大（图5-35）。镜检淋巴滤泡明显，生发中心扩大，细胞分裂相增多。例如，淋巴细胞白血病可见脾大和肝大。

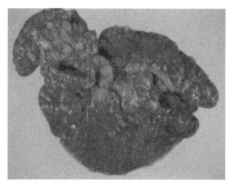 

▲ 图5-34 肝胆小管增生（感染斯氏艾美耳球虫）

▲ 图5-35 脾增生（源自Cornell University College of Veterinary Medicine）

3）激素刺激：由某些器官发生内分泌障碍引起。例如，脑垂体促甲状腺素分泌增加，可引起甲状腺增生，又如前列腺增生（图5-36）。

4）营养物质缺乏：如碘缺乏，可引起甲状腺增生，缺钙引起骨质增生（图5-37）。

增生是为适应机体需要并在机体的控制下一种局部细胞进行有限的分裂增殖的现象，一旦除去刺激因素，增生便会终止。

二、肥大

实质细胞体积增大而使整个组织器官体积增大并伴有功能增强的过程称为肥大（hypertrophy）。

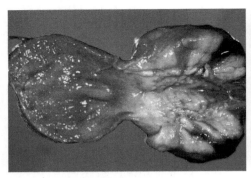
▲ 图 5-36 前列腺增生（源自 Cornell University College of Veterinary Medicine）

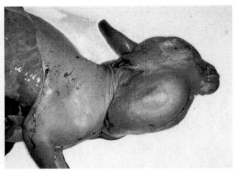
▲ 图 5-37 甲状腺增生（源自 Cornell University College of Veterinary Medicine）

（一）类型

可分为生理性肥大和病理性肥大。

1. 生理性肥大

激素刺激或生理机能需要均可引起肥大。例如，动物妊娠期，由于雌激素刺激子宫平滑肌受体，平滑肌蛋白质合成增多，细胞体积增大，子宫发生生理性肥大（图 5-38）；泌乳期，乳腺的肥大；锻炼引起的肌肉肥大。

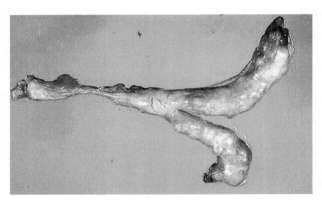
▲ 图 5-38 妊娠期子宫肥大（源自 Cornell University College of Veterinary Medicine）

2. 病理性肥大

在疾病过程中，为了实现某种功能代偿而发生的相应组织和器官的肥大称为病理性肥大或代偿性肥大。常见的病理性肥大有以下几种。

1) 心肌肥大：心脏主动脉瓣闭锁不全时，由于左心室不能完全排空，因此舒张期左心室血量增多，可反射性地引起心脏收缩机能增强，从而使心肌体积增大，心脏表现为肥大（图5-39）。

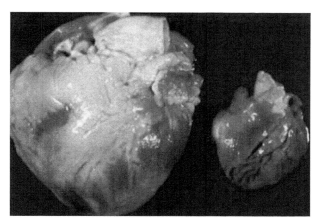

▲ 图 5-39 心肌肥大

2) 平滑肌肥大：管状器官内容物排出发生障碍而沉积于管状器官内，如输尿管结石，为了促进内容物的排出，管壁的平滑肌肥大，以加强收缩（图5-40）。

3) 其他器官肥大：如一侧肾发育不全，或手术摘除，或萎缩，为了代偿其泌尿功能，另一侧肾肥大。

4) 假性肥大：是指组织器官由间质细胞增生而引起的体积增大。例如，心肌脂肪浸润，大量的脂肪分布于心肌间，引起心肌萎缩（图5-41）。

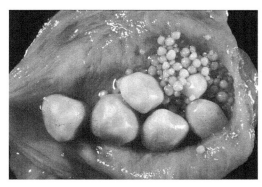

▲ 图 5-40 膀胱平滑肌肥大（源自 Cornell University College of Veterinary Medicine）

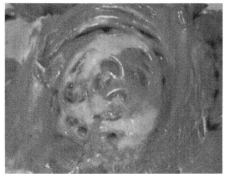

▲ 图 5-41 心肌脂肪浸润（假性肥大）

（二）病理变化

眼观：肥大器官体积增大，颜色加深。
镜检：细胞体积增大，胞质增多，核变大，细胞器增多。

（三）对机体的影响

增生和肥大都是机体的代偿机能，在一定范围内，对机体有利，但超过一定范围，增生和肥大会引起代偿失调，如心肌肥大超出一定限度会引起心力衰竭。

三、化生

一种分化成熟的细胞类型被另一种分化成熟的细胞类型所取代的过程称为化生（metaplasia）。例如，在上皮组织中柱状上皮转变为复层鳞状上皮即为化生。化生不是随意的，通常发生在同源性细胞之间，即上皮细胞之间或间叶细胞之间（图 5-42）。化生有多种类型。

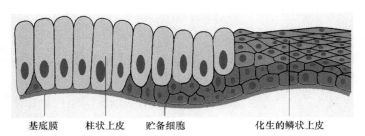

基底膜　　　柱状上皮　　　贮备细胞　　　　化生的鳞状上皮

▲ 图5-42　柱状上皮化生为鳞状上皮

（一）直接化生

直接化生是指一种组织不经过细胞的增殖而直接转变为另一种类型的组织。例如，结缔组织化生为骨组织时，纤维细胞可直接转变为骨细胞，进而在细胞间出现骨基质，经钙化成为骨组织。

（二）间接化生

这种化生是通过细胞增殖完成的。例如，维生素 A 缺乏时支气管假复层柱状上皮可化生为鳞状上皮。

化生的生物学意义：如呼吸道黏膜柱状上皮化生为鳞状上皮后，可强化局部抵抗外界刺激的能力，但因鳞状上皮表面不具有纤毛结构，故减弱了黏膜的自净能力。此外，如果引起化生的因素持续存在，则可能引起细胞癌变。例如，支气管鳞状上皮化生和胃黏膜肠上皮化生，分别与肺鳞状细胞癌和胃腺癌的发生有一定的关系。

第三节 代 偿

代偿是指在致病因素的作用下，体内出现代谢、功能障碍和组织结构破坏时，机体通过相应器官的代谢改变、机能加强或形态结构变化来补偿的过程，包括代谢性代偿、功能性代偿和结构性代偿。

1) 代谢性代偿：是指在疾病过程中出现以物质代谢为主要表现形式的一种代偿。例如，饥饿的动物通过分解脂肪供能。

2) 功能性代偿：是指机体通过增强器官的功能来补偿体内的功能障碍和损伤的一种代偿方式。成对的器官，如肾，一侧功能丧失，可通过健康一侧功能加强进行代偿。

3) 结构性代偿：通过改变组织器官形态结构来进行代偿的一种方式，如肥大、增生等。

第六章
炎　　症

第一节　炎症的概述

炎症(inflammation)是多种疾病的基本病理过程,在医学中占有重要地位。动物的许多疾病,如各种传染病、过敏性疾病、自身免疫性疾病等都属于炎症性疾病。炎症反应还参与创伤修复、缺血 - 再灌注损伤和多脏器功能障碍的过程。炎症反应的最终目的是局限、消除致病因子,吸收和清除坏死的细胞,修复组织缺损,恢复器官功能。因此,炎症本质上是机体的一种防御性反应。

一、炎症的概念

炎症是动物机体对各种致炎因素及由其所引起的损伤产生的防御性反应。其基本病理变化包括炎灶局部组织的变质、渗出和增生。

炎症是动物疾病中最常见的病理过程,可发生于机体的任何部位和任何组织。动物的大多数疾病都与炎症过程有关,没有炎症的防御性反应,感染将无法控制,创伤不能愈合,器官和组织的损伤将不断加重。但在一定条件下,炎症也可对机体造成不同程度的危害。因此,了解炎症的两面性,对于正确认识炎症的本质和特征具有重要的意义。

二、炎症的原因和影响因素

(一)炎症的原因

炎症是由致炎因子(inflammatory agent)引起的,凡是可引起机体组织损伤的因素，在一定条件下皆可成为致炎因子。因此，致炎因子种类很多，可归纳为以下几类。

1）物理因子：高温（烫伤）、低温（冻伤）、机械性创伤、紫外线（日射皮炎）和放射线等。

2）化学因子：包括外源和内源性化学物质。

外源性化学物质：强酸、强碱和强氧化剂、有毒物质（蛇毒）。

内源性化学物质：坏死组织的分解产物，病理条件下堆积在体内的代谢产物（如尿素）等。

3）生物因子：细菌、病毒、立克次体、支原体、真菌、螺旋体和寄生虫感染等为引起炎症最常见的原因。病毒可通过在细胞内复制致感染细胞坏死；细菌可释放内外毒素激发炎症；某些病原体通过其抗原性诱发变态反应性炎症，如寄生虫和结核。由生物病原体引起的炎症又称感染（infection）。

4）组织坏死：缺血和缺氧等原因可引起组织坏死，坏死组织是潜在的致炎因子，在新鲜梗死灶边缘所出现的充血带便是炎症反应。

5）变态反应：当机体免疫反应状态异常时，可引起不适当或过度的免疫反应，造成组织损伤，形成炎症，如类风湿关节炎。

（二）炎症的影响因素

1. 致炎因素

在机体炎症反应过程中，致炎因子是引起炎症的重要因素和必要条件。没有致炎因子就不可能产生炎症，特别是一些生物性因素，在引起动物疾病时，往往都是以引起相应组织发生炎症为基础。炎症反应的剧烈程度及能否发生炎症反应，与致炎因子的种类、数量、毒力、作用时间和作用部位等有关，如链球菌常常引起局部组织的急性化脓性炎症，结核分枝杆菌、鼻疽杆菌等常常引起增生性炎症。

2. 机体因素

炎症的发生除了与致炎因子有关外，还与机体自身的免疫状态、营养状态、机能、神经内分泌系统的功能密切相关。这些因素直接影响炎症是否发生和炎症发生的强弱。例如，对某种病原微生物处于免疫状态的个体，炎症反应轻微，甚至不发生炎症；缺乏某些氨基酸或维生素等营养物质的个体，对致炎因子刺激的反应降低，引起所谓的"弱反应性炎症"；相反，一些致敏机体常对一些不引起炎症的物质出现炎症反应，称为强反应性炎症或变态反应；甲状腺素、生长激素、肾上腺盐皮质激素等对炎症有促进作用，而肾上腺糖皮质激素抑制炎症反应。

致炎因子作用于机体是否引起炎症，以及炎症反应的性质与强弱不仅与致炎因子有关，并且还与机体对致炎因子的敏感性有关。因此，研究炎症反应的发生和发展应综合考虑致炎因子和机体两方面。

三、炎症的局部表现和全身反应

（一）局部表现

致炎因子作用于机体后，首先引起局部的炎症反应，主要表现为红、肿、热、痛和机能障碍。

1）红：由炎灶局部充血所致。初期是动脉性充血，局部血液氧合血红蛋白增多，颜色为鲜红（图6-1）。随着炎症的发展，血流变得缓慢，静脉回流受阻，发生静脉性淤血，局部血液氧合血红蛋白减少，颜色为暗红色，若在皮肤或黏膜，则称发绀。

2）肿：由局部充血和渗出所致，特别是渗出。另外，在炎症的后期和慢性炎症，由于局部组织增生，也会发生局部肿胀（图6-2）。

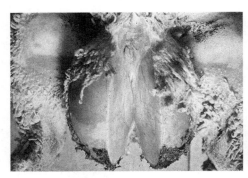

▲ 图6-1　皮肤发红

▲ 图6-2　下颌淋巴结肿胀（源自 Cornell University College of Veterinary Medicine）

3）热：由炎症局部动脉性充血、血流加快、血量增加、物质代谢增强、产热增加所致。白细胞产生的白细胞介素 -1(IL-1)、肿瘤坏死因子（TNF）及前列腺素 E(PGE) 等均可引起发热。

4）痛：与多种因素有关。例如，局部肿胀压迫周围神经末梢引起疼痛；

炎灶的代谢产物和炎症介质也可引起疼痛。

5）机能障碍：原因是多方面的。例如，疼痛可引起机能障碍，导致局部组织变性、坏死；渗出物的压迫也可引起发炎器官的机能障碍。

（二）全身反应

炎症是一种全身性病理过程的局部表现，在局部病变严重或机体抵抗力低下时，可出现明显的全身症状。

1. 发热

发热是指在致热原的作用下，体温调节中枢的调定点升高而引起的一种高水平的体温调节活动。所谓的致热原是指能引起动物发热的刺激物。导致炎症的发热刺激物有两类：病原微生物及其代谢产物；炎症时组织细胞坏死崩解产物。这两种刺激物作用于中性粒细胞、嗜酸性粒细胞、单核巨噬细胞产生内生性致热原，致热原作用于体温调节中枢，引起体温升高。

2. 外周血白细胞数量增多

炎症时，由于内毒素、C3片段、白细胞崩解产物等可促进骨髓干细胞增殖、生成和白细胞入血，白细胞数量增多（图6-3）。炎症过程中，单核巨噬细胞分泌的造血生长因子对白细胞增多也有促进作用。在急性炎症中，外周血出现大量幼稚型中性粒细胞，如果杆状核幼稚中性粒细胞超过5%称为核左移（图6-4）。中性粒细胞分叶过多，大部分为4~5个叶或者更多，若5叶核超过3%称核右移。白细胞增多是机体的一种重要的防卫反应。若外周血白细胞总数显著减少或突然减少，则表示机体抵抗力降低，往往是预后不良的征兆（图6-5）。

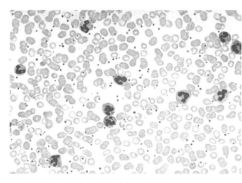

▲ 图6-3 白细胞增多（源自 Utah University）

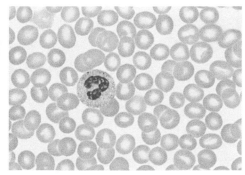

▲ 图6-4 杆状核幼稚中性粒细胞

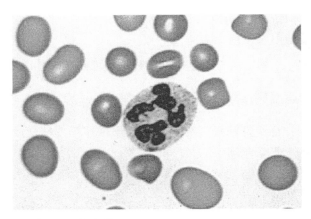

▲ 图6-5 核右移

3. 单核巨噬细胞系统机能增强

炎症过程中，特别是生物性致炎因子引起的炎症中，常见单核巨噬细胞系统机能增强，主要表现为骨髓、肝、脾、淋巴结中单核巨噬细胞增多，吞噬能力增强；局部淋巴结肿大、肝大、脾大。单核巨噬细胞系统和淋巴组织的细胞增生是机体防御反应的表现（图6-6）。

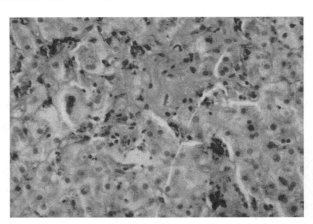

▲ 图6-6 肝库普弗细胞增多

4. 实质器官的变化

致炎因子及炎症反应中血液循环发生障碍、发热、炎性细胞的分解产物与一些炎症介质的作用，均可导致一些实质器官发生变性、坏死、功能障碍等相应的损伤性变化。

四、炎症的结局

炎症过程充分反映了损伤与抗损伤的斗争过程，损伤与抗损伤双方力量的对比左右着炎症的进程和结局。如果致炎因子的作用强，机体的抵抗力弱，引起的损伤多于炎症反应的抗损伤作用，则炎症向恶化方向发展，蔓延扩散；如果炎症反应的抗损伤作用占优势，则炎症逐渐痊愈；当双方势均力敌，则炎症转为慢性过程。

（一）痊愈

大多数炎症特别是急性炎症都能痊愈（healing）（图 6-7）。痊愈的方式有两种：完全痊愈（complete healing）和不完全痊愈（incomplete healing）。

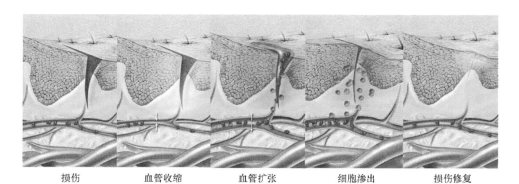

损伤　　　　　　血管收缩　　　　　　血管扩张　　　　　　细胞渗出　　　　　　损伤修复

▲ 图 6-7　炎症愈合过程

1. 完全痊愈

在多数炎症过程中，机体抵抗力较强时或经过及时的治疗，病因被消除后，少量坏死物和渗出物亦被溶解、吸收。炎症局部完全恢复原有组织的结构和功能，不留下一点痕迹。常见于炎症反应轻微、组织损伤小时，一般呈急性经过，如表皮轻微损伤（图 6-8）。

2. 不完全痊愈

少数情况下，如果机体抵抗力较弱，炎灶的坏死范围广，周围健康组织再生能力有限，或坏死物和渗出物较多（大脓肿、重型肝炎）而不易完全溶解、吸收时，则由肉芽组织修复，形成瘢痕，不能完全恢复原有组织的结构和功能。

例如，慢性乳腺炎随炎症可以消除，但由于腺泡的纤维化，可影响泌乳机能（图 6-9）。

 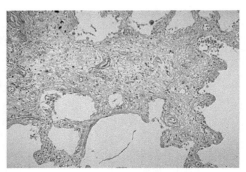

▲ 图6-8　完全痊愈（皮炎损伤）　　　　▲ 图6-9　不完全痊愈（肺炎肺泡纤维化）

（二）迁延不愈、转为慢性

由于机体抵抗力较弱、治疗不及时或不准确，致炎因子不能在短期内被除去而在体内持续存在，而且不断损伤组织，反复发作，造成炎症过程迁延不愈（delayed healing），病程延长，可使急性炎症转为慢性（chronicity）炎症，病情可时轻时重，如慢性病毒性肝炎、慢性胆囊炎等。

（三）蔓延扩散

微生物性致炎因子可引起炎症，在机体抵抗力低下，病原微生物毒力强、数量多的情况下，病原微生物可不断繁殖，并经以下 3 条途径扩散到全身。

1. 局部蔓延（local spread）

炎症局部的病原微生物可经组织间隙或器官的自然通道向周围组织蔓延，使炎灶扩大。例如，心包炎可引起心肌炎；急性膀胱炎可引起输尿管炎或尿道炎。

2. 淋巴道播散（lymphatic spread）

病原微生物在炎灶局部进入淋巴管，随淋巴的流动而扩散至淋巴结，进而引起淋巴结炎。例如，前肢感染引起腋窝淋巴结炎，后肢感染引起腹股沟淋巴结炎。淋巴道的这些变化有时可限制感染的扩散，但感染严重时，病原体可通过淋巴入血，引起血道播散。

3. 血道播散（hematogenous spread or dissemination）

炎灶的病原微生物或毒性产物可侵入血液循环或被吸收入血，引起菌血症、毒血症、败血症和脓毒败血症等，严重者可危及生命。

1）菌血症（bacteremia）：是指细菌经血管或淋巴管进入血液。多发生于由生物学因素引起的炎症的早期，在炎症性疾病的早期都会出现菌血症，如大叶性肺炎等。此时行血液培养或瘀点涂片，可找到细菌，但无全身中毒症状。进入血液的微生物可被肝、脾、骨髓的巨噬细胞吞噬和清除，否则将进一步发展为败血症（图 6-10）。

2）毒血症（toxemia）：是指细菌的毒素或其他毒素性产物被吸收入血液而引起机体中毒的现象，临床上出现高热、寒颤、抽搐甚至昏迷等全身症状，并伴有肝、肾、心脏等实质器官变性、坏死，严重时导致休克。血液培养找不到细菌。

3）败血症（septicemia）：是指细菌入血后大量繁殖，产生毒素，引起全身中毒症状和一些病理变化的现象。全身性病变的主要表现是：尸僵不全，血凝不良，常发生溶血现象；皮肤、黏膜、浆膜、皮下、实质器官常可见多发性出血点和出血斑（图 6-11）；脾和全身淋巴结肿胀，呈现急性炎症经过；心脏、肝、肾等实质器官可见实质细胞严重变性；肺呈现淤血、出血、水肿等变化；神经系统眼观变化不明显，显微镜下可见神经组织充血、水肿、神经细胞变性等病变（图 6-12）。此时血液培养，常可找到细菌（图 6-13）。

4）脓毒败血症（pyemia）：是指化脓性细菌引起的败血症，其特点是全身多发性脓肿（图 6-14）。

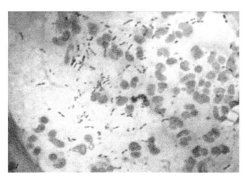 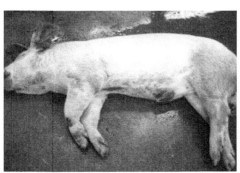

▲ 图 6-10　菌血症（血液中有细菌）　　▲ 图 6-11　皮肤广泛出血

▲ 图6-12　内脏广泛出血

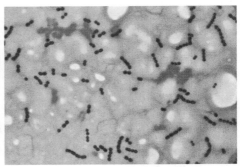
▲ 图6-13　组织中的细菌

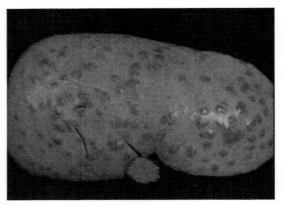
▲ 图6-14　脓毒败血症（猪肾脓肿）

五、炎症的意义

1）炎症是最常见的病理过程。

2）炎症是最重要的保护性反应。

3）炎症反应对机体有不同程度的危害。

第二节　炎症的基本病理变化

炎症的基本病理变化包括变质、渗出和增生。在炎症过程中它们以一定的先后顺序发生，一般病变的早期以变质和渗出为主，病变的后期以增生为主。但变质、渗出和增生是相互联系的，一般说来变质是损伤性过程，而渗出和增生是抗损伤和修复过程。

一、变质

变质（alteration）是指炎灶局部组织细胞发生变性、坏死和物质代谢障碍。变质既可发生在实质细胞，又可见于间质细胞（图6-15，图6-16）。必须指出，组织和细胞的变性及坏死在其他病理过程（如损伤）中也能见到，并非炎症所特有。变质是炎症的始动环节，其发生主要有两方面的原因：一是致炎因子的直接作用，如创伤、中毒等；二是炎症应答的不良反应，如炎症时血管充血、血栓形成、炎性水肿、溶酶体酶释放等。

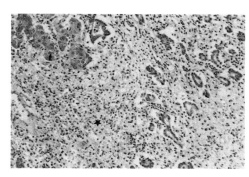
▲ 图6-15 炎性变质

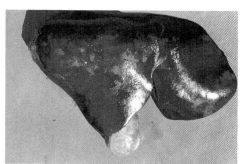
▲ 图6-16 炎性肝变质

二、渗出

渗出（exudation）是指血液中的血浆成分、细胞成分从血管逸出到炎灶的过程。渗出是炎症最具特征的变化，又称炎症应答，可分为血管反应和细胞反应两部分（图6-17，图6-18）。

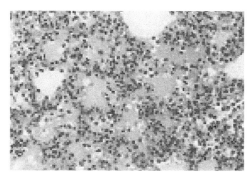
▲ 图6-17 炎性渗出

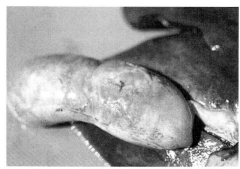
▲ 图6-18 炎性渗出（胆囊肿大）

（一）血管反应

主要包括血流动力学和流变学改变及血管渗透性升高，部位在微循环，特别是毛细血管和小静脉血管。

1. 血流动力学改变

在炎症过程中，组织发生损伤后，很快发生血流动力学变化，即血流量和血管口径的改变。发生顺序如下（图 6-19）。

1）小动脉短暂收缩：损伤因子作用于机体后，机体通过神经反射或产生各种炎症介质作用于局部血管，引起小动脉短暂痉挛，损伤发生后立即出现，持续几秒钟。

2）血管扩张和血流加速：先发生小动脉扩张，然后毛细血管开放的数目增加，使局部血流加快，这是局部发红和发热的主要原因。血管扩张的发生机制与神经和体液因素有关，神经因素即轴突反射，体液因素包括组胺、缓激肽和前列腺素等化学介质。持续时间取决于致炎因子造成损伤的时间长短、类型和程度。

3）血流速度缓慢：10~15min 后，静脉端毛细血管和小静脉随之发生扩张，血流逐渐减慢，导致静脉性淤血。随着淤血的发展，小静脉和毛细血管的通透性增高，致血浆渗出、血液浓缩、血管内红细胞聚集、血液黏稠度增加、血流阻力升高，血液回流受阻甚至发生淤滞（stasis）。同时因血流缓慢，血细胞轴流变宽，其边缘的白细胞得以向管壁靠近，为白细胞的黏附创造了有利条件。

2. 血管通透性升高

微循环血管通透性的维持主要依赖于血管内皮细胞的完整性，在炎症过程中以下机制可引起血管通透性升高（图 6-20）。

（1）内皮细胞收缩

血管通透性升高是炎症最常见的反应。组织胺、缓激肽、白细胞三烯和 P 物质等可诱发此反应，当这些介质作用于内皮细胞受体后，内皮细胞迅速发生收缩，内皮细胞间缝隙增大，伴有穿胞作用。由于这些炎症介质的半衰期较短（15 ~ 30min），因此其引发称为速发瞬时反应（immediate transient response）。此反应仅累及 20 ~ 60mm 管径的静脉，毛细血管和小动脉一般不

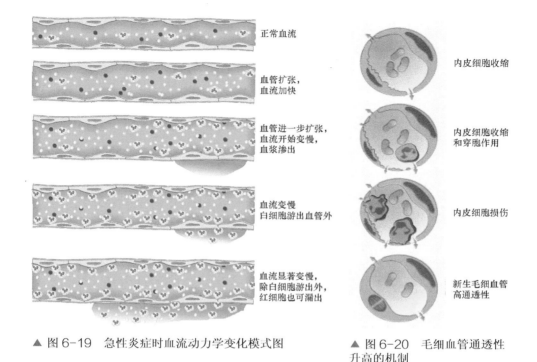

正常血流

血管扩张，
血流加快

血管进一步扩张，
血流开始变慢，
血浆渗出

血流变慢
白细胞游出血管外

血流显著变慢，
除白细胞游出外，
红细胞也可漏出

内皮细胞收缩

内皮细胞收缩
和穿胞作用

内皮细胞损伤

新生毛细血管
高通透性

▲ 图6-19 急性炎症时血流动力学变化模式图　　　▲ 图6-20 毛细血管通透性
升高的机制

受累，原因可能与内皮细胞表面具有不同的介质受体密度有关。

（2）直接损伤内皮细胞

严重烧伤和化脓菌感染时，可直接损伤内皮细胞，使之坏死脱落，血管通透性迅速升高，并在高水平持续几小时到几天，直至血栓形成或由内皮细胞再生修复为止，此过程称为速发持续反应（immediate sustained response）。小动脉、毛细血管和小静脉等各级微循环血管均可受累。内皮细胞的脱落可引起血小板黏附和血栓形成。

（3）迟发性持续反应

有些细胞因子类化学介质（如白细胞介素-1、肿瘤坏死因子、干扰素-γ）及内皮细胞缺氧等因素，可引起细胞骨架的结构重组，致使内皮细胞收缩，导致内皮细胞间缝隙增大，引起血管通透性升高，但这一反应发生较晚，常在2~12h之后，持续几小时到几天，故可称为迟发持续反应（delayed prolonged response）。此反应仅累及毛细血管和小静脉。

（4）白细胞介导的内皮细胞损伤

在炎症早期，白细胞黏附于内皮细胞，使白细胞激活，释放有活性的氧代谢产物和蛋白酶，引起内皮细胞损伤和脱落，使血管通透性升高。这种损伤主要发生在小静脉和肺、肾等脏器的毛细血管。

（5）新生毛细血管的高通透性

在炎症修复过程中形成的新生毛细血管的内皮细胞，其细胞连接不健全，因此血管通透性较高，可引起渗漏，直至内皮细胞分化成熟和细胞连接形成，渗漏才能停止。应当指出，上述引起血管通透性升高的因素可同时或先后起作用。

3. 炎性水肿

微循环血管通透性升高的结果是血液成分渗出。渗出的液体成分称渗出液（exudate）。渗出液进入组织间隙，引起组织间隙含水量增多，称为炎性水肿（inflammatory edema）。在另外一些情况下，由血液循环障碍、血管壁内外流体静压平衡失调可造成漏出（transudation），漏出的液体成分称为漏出液（transudate）。

渗出液与漏出液的区别在于前者蛋白质含量较高，细胞和细胞碎片较多，比重 >1.018，外观浑浊。详细区别见表 6-1 和图 6-21。

表 6-1　渗出液与漏出液的区别

区别点	渗出液	漏出液
外观	浑浊	澄清
浓度	浓厚，含有组织碎片	稀薄，不含组织碎片
比重	>1.018	<1.015
蛋白质含量	高，>3%	低，<3%
细胞含量	高	低
凝固性	能自凝	不能自凝
Rivalta 试验	(+)	(—)
原因	与炎症有关	与炎症无关

▲ 图 6-21　漏出液和渗出液

4. 渗出液的作用

有利：①渗出液可稀释和带走毒素及代谢产物，减轻对局部的损伤，为局部浸润的细胞带来营养物质（葡萄糖、O_2、氨基酸）。②渗出液内有抗体、补体成分，有利于消灭病原体。③渗出液中纤维蛋白（纤维素）互相交织成网架，阻止病原体的扩散，并且有利于吞噬细胞发挥吞噬作用，使病灶局限化；炎症后期成为修复支架。④渗出液中的病原微生物和毒素随淋巴液被携带到局部淋巴结，可刺激机体产生细胞和体液免疫。

有害：①液体过多，压迫器官，影响功能。例如，胸腔积液影响呼吸功能；严重喉头水肿可导致窒息；②纤维素渗出过多，在机化过程中可引起粘连，如纤维性心包炎在机化时可引起心包粘连，形成绒毛心和盔甲心，可影响心脏的舒缩功能。

（二）细胞反应

炎症反应最重要的功能是将炎性细胞输送到炎灶内，炎性细胞通过细胞渗出进入炎灶，因此白细胞渗出是炎症反应最重要的特征。

1. 白细胞渗出

白细胞通过血管壁游到血管外的过程称为白细胞渗出（leucocyte extravasation）。白细胞渗出是复杂的连续过程，包括白细胞边集、滚动、黏附和游出阶段，并在趋化因子的作用下运动到炎灶，在局部发挥重要的防御作用（图 6-22）。

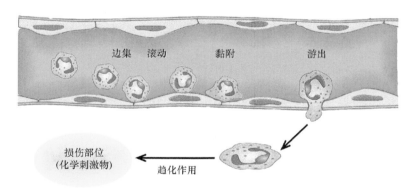

▲ 图 6-22 急性炎症时中性粒细胞的游出和聚集过程模式图

1）白细胞边集：随着血流停滞的出现，微血管中的白细胞离开血管的中心部，到达血管的边缘部，称白细胞边集（图 6-23）。

2）白细胞黏附：边流白细胞附着在内皮细胞上称为黏附，黏附是由内皮细胞和白细胞表面黏附分子介导的，黏附分子包括选择素、免疫球蛋白超家族分子和整合素类分子（图 6-24）。

3）白细胞游出：白细胞与内皮细胞黏附后，通过变形运动穿过血管壁，并游走到炎灶中，这个过程称为白细胞游出。炎症时游出的白细胞称为炎性

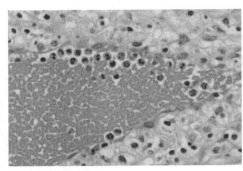

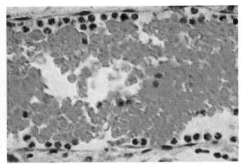

▲ 图6-23　白细胞边集　　　　　▲ 图6-24　白细胞黏附

细胞（inflammatory cell）。炎性细胞在炎灶内聚集并发挥吞噬作用的现象称为炎性细胞浸润（inflammatory cell infiltration）。近年来研究发现，白细胞游出也由黏附分子介导（图6-25）。黏附于内皮细胞表面的白细胞沿内皮表面缓慢移动，在内皮细胞连接处伸出伪足，整个白细胞逐渐以阿米巴样运动方式从内皮细胞缝隙游出，到达内皮细胞和基底膜之间，最终穿过基底膜到血管外。中性粒细胞、单核细胞、淋巴细胞、嗜酸性粒细胞和嗜碱性粒细胞都是以阿米巴样运动方式主动游出的。血管壁受严重损伤时红细胞也可漏出，但这是被动过程，是流体静压力将红细胞沿白细胞游出的途径或内皮细胞坏死崩解的裂口推出血管外。

　　炎症的不同阶段游出的白细胞种类有所不同。在急性炎症的早期，中性粒细胞首先游出（图6-26），48h后则以单核细胞浸润为主（图6-27）（中性粒细胞寿命短，24～48h后消失，而单核细胞在组织中寿命长；中性粒细胞停止游出后，单核细胞可继续游出；炎症不同阶段所激活的化学趋化因子不同，已证实中性粒细胞释放单核细胞趋化因子，因此中性粒细胞游出后必然引起单核细胞游出）。此外，致炎因子不同，渗出的白细胞也不同，葡萄球菌和链球菌感染以中性粒细胞浸润为主；病毒感染以淋巴细胞浸润为主（图6-28）；在一些过敏因子或寄生虫所致的炎症中，则以嗜酸性粒细胞浸润为主（图6-29）。

　　4）趋化作用：白细胞穿过血管壁后，便向炎灶集中，因炎灶内释放一些化学刺激物。白细胞沿浓度梯度向着化学刺激物做定向移动称为趋化作用。这些具有吸引白细胞定向移动的化学物质称为趋化因子。外源性趋化因子：细菌产物。内源性趋化因子：补体成分C5a、白细胞三烯、淋巴因子等（图6-30）。

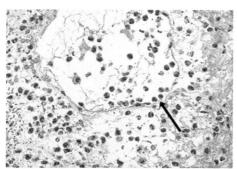

▲ 图 6-25 白细胞游出

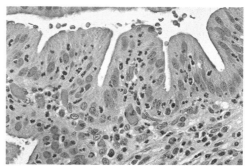

▲ 图 6-26 中性粒细胞浸润（急性炎症）

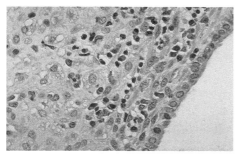

▲ 图 6-27 单核细胞浸润（慢性炎症）

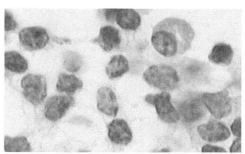

▲ 图 6-28 淋巴细胞浸润

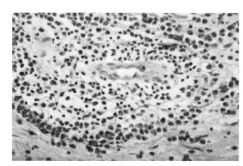

▲ 图 6-29 嗜酸性粒细胞浸润

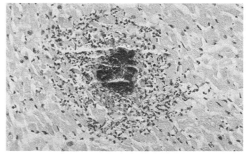

▲ 图 6-30 中性粒细胞对细菌感染的趋化

2. 炎灶内炎性细胞增生

在炎灶组织内本身就存在一些淋巴细胞和单核细胞，在局部发炎时，这些细胞通过增生成为炎性细胞又一来源。

3. 炎性细胞的种类和功能

1）炎性细胞的种类：血液中包括中性粒细胞、嗜酸性粒细胞、嗜碱性粒细胞、单核细胞、淋巴细胞；组织内包括巨噬细胞、浆细胞、肥大细胞、网状细胞（图6-31~图6-36）。

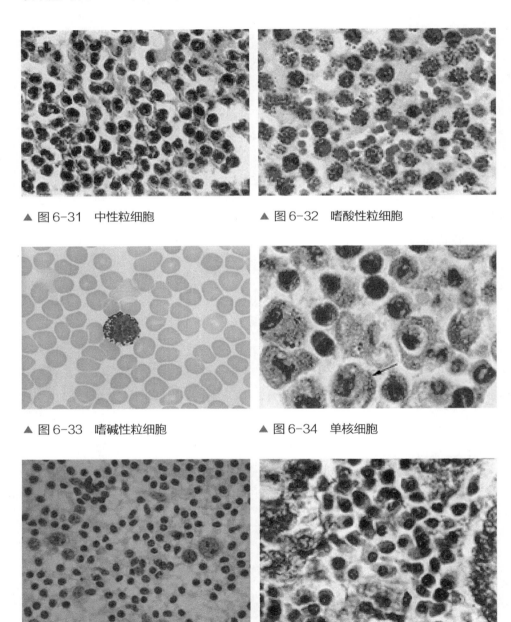

▲ 图6-31　中性粒细胞　　　　　▲ 图6-32　嗜酸性粒细胞

▲ 图6-33　嗜碱性粒细胞　　　　▲ 图6-34　单核细胞

▲ 图6-35　淋巴细胞　　　　　　▲ 图6-36　浆细胞

2）炎性细胞的功能：吞噬作用、免疫作用和组织损伤作用。

吞噬作用（phagocytosis）：是指白细胞游出并抵达炎灶吞噬病原体和组织碎片的过程。发挥此作用的细胞主要为中性粒细胞和单核细胞或巨噬细胞。

吞噬过程：包括识别和附着、吞入、杀伤和降解（图6-37）。

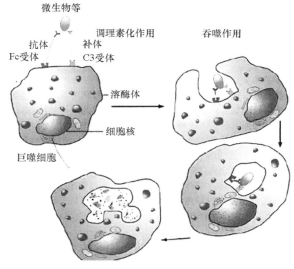

▲ 图 6-37 吞噬示意图

识别和附着（recognition and attachment）：在无血清存在的条件下，吞噬细胞很难识别并吞噬细菌。因为在血清中存在着调理素（opsonin），所谓调理素是指一类能增强吞噬细胞功能的蛋白质，包括免疫球蛋白 IgG 的 Fc 段、补体 C3 和凝集素（collectin），吞噬细胞借其表面的 Fc 受体和 C3 受体（C3bi 或 Mac-1）识别被抗体或补体包被的细菌，经抗体或补体与相应受体结合，细菌就被黏附在吞噬细胞的表面。另外，巨噬细胞也可以通过细胞表面非特异性受体吞噬病原体和坏死细胞，因此可在没有抗体和补体的情况下参与对细菌的吞噬，因为它可以识别细菌表面脂多糖，此现象称为非调理素化吞噬。也就是说识别和附着可分为调理素化和非调理素化过程。

吞入（engulfment）：吞噬细胞附着于调理素化的颗粒体后便伸出伪足，将异物吞噬，在细胞内形成吞噬体，吞噬体与初级溶酶体融合形成吞噬溶酶体，细菌在溶酶体酶作用下被分解。

杀伤和降解（killing and degradation）：进入吞噬溶酶体的细菌可被依赖氧

的机制和不依赖氧的机制杀伤和降解。氧依赖机制：吞噬后白细胞耗氧量激增，并在白细胞氧化酶作用下产生超氧负离子，将细菌杀死。不依赖氧机制：溶酶体含有阳离子蛋白，可激活磷脂酶，使细菌外膜通透性升高，将细菌杀死。细菌被杀死后，嗜天青颗粒的酸性水解酶可将其降解（图6-38）。

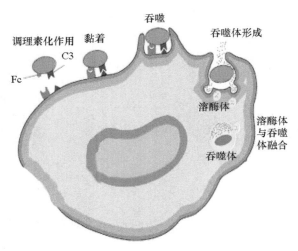

▲ 图6-38 杀伤和降解（源自 http://www.med66.com）

免疫作用：发挥免疫作用的细胞主要为单核细胞、淋巴细胞和浆细胞。抗原进入机体后，巨噬细胞将其处理，再把抗原提呈给 T 淋巴细胞和 B 淋巴细胞，分别参与细胞和体液免疫。

组织损伤作用：白细胞在趋化、激活和吞噬过程中不仅可向吞噬溶酶体内释放产物，而且可以将产物释放到细胞外基质中，如中性粒细胞释放溶酶体酶、活性氧自由基、前列腺素和白细胞三烯，这些产物可引起内皮细胞和组织损伤，加重致炎因子的损伤作用。

三、增生

在致炎因子或组织分解产物的刺激下，炎性细胞发生分裂增殖的现象称为增生。增生包括实质和间质的增生，实质增生如黏膜上皮细胞和腺上皮细胞的增生；间质增生包括巨噬细胞、内皮细胞和成纤维细胞的增生，这些细胞的增生与相应生长因子的作用有密切关系（图6-39，图6-40）。

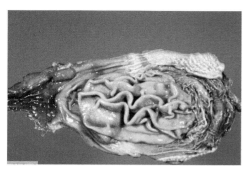
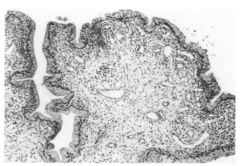

▲ 图 6-39 胃黏膜增生

▲ 图 6-40 炎性增生（肠息肉）

第三节 炎 症 介 质

在致炎因子的作用下，由局部组织细胞释放或在体液中产生的，参与或引起炎症反应的化学物质称为炎症介质 (inflammatory mediator)。

一、炎症介质的一般特点

大多数的炎症介质是通过与其靶细胞上的特异性受体结合而发挥生物学效应的。然而，少数介质具有直接的酶活性或可介导毒性损害（如溶酶体蛋白酶或氧代谢产物）。此外，炎症介质可刺激靶细胞释放新的炎症介质，这些随后产生的炎症介质与原介质的作用可以相同、相似，也可以相反，从而可以放大或拮抗原介质的作用。多数炎症介质半衰期很短，一旦被激活或从细胞内释放出来，很快衰变，或被酶灭活，或被清除，或被阻断等，机体就是通过这种调控体系使体内介质处于动态平衡的。炎症介质可以作用于一种或几种靶细胞，也可以作用范围较广，并且可根据细胞或组织类型不同而有不同的生物学效应。应该指出，大多数炎症介质都有可能引起组织损伤。

二、炎症介质的种类

炎症介质的种类很多，按来源可分为外源性（细菌及其毒素）和内源性炎症介质两类，以内源性炎症介质为主。内源性炎症介质包括细胞源性和体液源性两类（图6-41）。

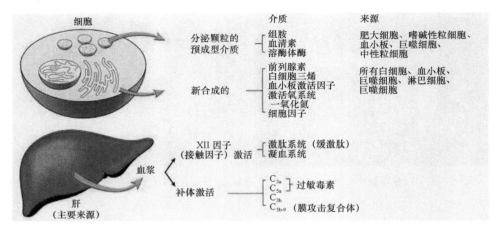

▲ 图6-41 炎症介质的来源

（一）细胞源性炎症介质

细胞源性炎症介质包括血管活性胺、花生四烯酸代谢产物、细胞因子、白细胞产物及溶酶体成分和血小板活化因子。

1. 血管活性胺

1）组胺（histamine）：主要存在于肥大细胞的颗粒中，也存在于嗜碱性粒细胞和血小板内。多种损伤（如机械性损伤、高温）、免疫反应（IgE抗体与肥大细胞相结合）、补体片段-过敏毒素（C3a和C5a）、中性粒细胞阳离子蛋白及某些神经肽等，均能使上述细胞膜受损，引起组胺释放。此外，组织内的组胺酸也能通过脱羧基形成组胺。组胺的作用是使细动脉扩张和小静脉通透性升高。一般认为，组胺参与炎症过程的速发相，而对迟发相没有作用或仅有轻微作用。组胺释放后可被组胺酶分解而灭活。组胺对嗜酸性粒细胞有特异的趋化性。肥大细胞含有过敏性嗜酸性粒细胞趋化因子（ECF-A），与组胺共同作用，是引起过敏性炎症中嗜酸性粒细胞浸润的主要因素。

2）血清素（serotonin）：即5-羟色胺（5-hydroxytryptamine，5-HT），主要存在于血小板和肠嗜铬细胞中，胶原、纤维蛋白酶和抗原-抗体复合物可刺激血小板释放血清素。虽然在大鼠5-HT的作用与组胺相似，但在人类炎症中其作用尚不十分清楚。

2. 花生四烯酸代谢产物

动物将从外界摄取的亚油酸在肝细胞内转化成花生四烯酸（arachidonic

acid）后被组合到细胞膜上，成为磷脂膜的组成部分。细胞受到刺激或炎症介质作用及细胞损伤时，细胞膜磷脂酶被激活，在该酶的作用下，细胞膜磷脂被裂解生成花生四烯酸。花生四烯酸本身无炎症介质作用，但花生四烯酸在环加氧酶和脂质环加氧酶作用下，分别生成前列腺素和白细胞三烯而发挥炎症介质作用。

前列腺素（prostaglandin，PG）：广泛分布于机体组织和体液中，当发生炎症时，局部组织能迅速合成 PG。作用为扩张血管，加剧水肿、发热、疼痛。

白细胞三烯（leukotriene，LT）：主要来自白细胞，具有 3 个共轭双键，故称为白细胞三烯。在炎症中的主要作用是使血管通透性升高，对中性粒细胞、嗜酸性粒细胞和巨噬细胞有趋化作用。

3. 白细胞产物及溶酶体成分

白细胞产物及溶酶体成分包括活化氧代谢产物和中性粒细胞溶酶体成分等，主要是中性粒细胞和单核细胞被致炎因子激活后所释放的内源性炎症介质，具有促进炎症反应和破坏组织的作用。

活性氧代谢产物：包括超氧负离子、过氧化氢、羟自由基，它们主要来源于中性粒细胞、单核细胞。作用为与 NO 结合形成活性氮中间产物。少量可引起 IL-8 分泌、内皮细胞和白细胞黏附分子表达；大量可引起组织细胞损伤（内皮细胞、实质细胞、红细胞），使血管通透性升高。

溶酶体成分：主要是些酶类，包括蛋白酶（酸性蛋白酶、中性蛋白酶、弹性蛋白酶、组织蛋白酶）、胶原酶，也包括非酶类成分，如阳离子蛋白、纤维蛋白溶解酶原激活物等。作用为这些酶类介导组织损伤，使血管通透性升高；阳离子蛋白对单核细胞有化学趋化作用。

4. 细胞因子（cytokine，CK）

细胞因子是一类由多种细胞分泌产生（主要由激活的淋巴细胞和单核巨噬细胞产生，也可来自内皮和上皮细胞），作用于免疫细胞、成纤维细胞、血管内皮细胞的多肽类分子。在免疫和炎症反应中有广泛的生物学活性，包括趋化、激活、促进增殖分化等。细胞因子在作用上具有 4 个显著的特点：①多效性，一种细胞因子可同时具有若干不同的生物学效应。②多源性，同一种细胞因子可由不同的组织细胞来产生。③高效性，细胞因子含量很小，但效应显著。④快速反应性，在病因作用下细胞因子产生与释放迅速。按其分泌细胞的不同分为两类。

1）淋巴因子：致敏的淋巴细胞再次与相应的抗原接触，或非致敏的淋巴细胞在非特异性有丝分裂原等刺激下产生的一类非抗体、非补体的可溶性活性物质的总称。与炎症有关的淋巴因子有巨噬细胞趋化因子、巨噬细胞移动抑制因子、巨噬细胞活化因子、中性粒细胞趋化因子、嗜酸性粒细胞趋化因子、嗜碱性粒细胞趋化因子、白细胞移动抑制因子、皮肤反应因子、干扰素 -γ（活化 T 和 NK 细胞）、淋巴毒素。作用：①促进巨噬细胞的吞噬、趋化作用并抑制其在炎灶的移动。②对有粒细胞亦有趋化和抑制其移动的作用。③促进淋巴细胞分裂增殖。④其他作用：淋巴毒素杀伤靶细胞，皮肤反应因子引起皮肤血管扩张。

2）单核因子：由单核巨噬细胞产生，包括白细胞介素 -1、肿瘤坏死因子和干扰素等。

白细胞介素 -1（inteleukin-1，IL-1）：能增强机体抗肿瘤、抗感染的作用，促进 T 淋巴细胞和 B 淋巴细胞分裂增殖及抗体生成，促进成纤维细胞增生和胶原纤维合成，增强巨噬细胞和中性粒细胞的趋化作用，作用于丘脑下部引起发热反应，被认为是内生性致热原。

肿瘤坏死因子（tumour necrosis factor，TNF）：对肿瘤细胞有毒性，活化白细胞，增强白细胞的吞噬功能，增强内皮细胞对白细胞的黏附，促进中性粒细胞的聚集，抗病毒、抗感染作用。

干扰素 -α/β（interferon-α/β，IFN-α/β）：又称 I 型干扰素，可抑制病毒复制需要的酶类而达到抗病毒的作用。

5. 血小板活化因子

巨噬细胞、肥大细胞、中性粒细胞、嗜碱性粒细胞、血管内皮细胞等均能产生血小板活化因子（platelet activating factor，PFA）。PFA 能激活血小板，增加血管通透性，促进白细胞聚集和黏附，对成纤维细胞具有趋化作用，刺激细胞产生前列腺素、白细胞三烯等炎症介质。

（二）体液源性炎症介质

血浆产生的炎症介质包括激肽系统、补体系统、凝血系统和纤溶系统等。

1. 激肽系统

激肽系统包括激肽释放酶原、激肽释放酶、激肽原和激肽，主要在肝内合成。激肽系统经过系列激活，最终产生血管活性肽——缓激肽（bradykinin）。

激肽释放酶原有血浆型和组织型两种。血浆型激肽释放酶原以非活化的前激肽原酶形式存在于循环血液中，其激活的中心环节是XII因子（Hageman因子）的活化，当XII因子与胶原和基膜等接触而活化时，形成前激肽酶原活化物，即XIIa因子，从而使激肽释放酶原变为激肽释放酶，在激肽释放酶的作用下，激肽原转变为缓激肽；组织型激肽释放酶原存在于各种分泌液（唾液、胰液、泪液）及尿液和粪便中，它能水解激肽原生成舒血管肽，后者经氨基肽酶作用转变为缓激肽。

缓激肽与组胺有类似的作用，能引起小动脉扩张，小静脉通透性升高及除血管以外的平滑肌收缩。但它无细胞趋化作用，注射于皮下可引起疼痛。在炎症介质中，缓激肽引起血管通透性升高的作用最为强烈。缓激肽很快被血浆或组织中的激肽酶灭活，它在血液中的半衰期小于15s，通过肺循环一次就能完全被灭活。因此，缓激肽的作用主要局限在血管通透性增加的早期。

2. 补体系统

补体系统是人和动物血清中的一组具有酶活性的糖蛋白。补体平时以非活性状态存在，当被某些物质激活时，可参与机体防御功能，并可作为一种炎症介质。它具有使血管通透性增加、化学趋化和调理素化作用。C3和C5是最重要的炎症介质。C3a和C5a通过促进肥大细胞释放组胺使血管通透性升高和血管扩张。C5a能激活花生四烯酸代谢中脂氧化通路，使中性粒细胞和单核细胞进一步释放炎症介质，促使中性粒细胞黏着于内皮细胞，对中性粒细胞和单核细胞有趋化作用；C3b和C3bi结合于细菌细胞壁时具有调理素化作用，可增强中性粒细胞和吞噬细胞的吞噬能力。这些补体成分可被抗原、抗体和内毒素等激活，尤其是细菌产物和IL-8等。此外，C3和C5还能被存在于炎性渗出物中的多种蛋白酶激活，包括中性粒细胞释放的纤维蛋白溶解酶和溶酶体酶，因而形成使中性粒细胞不断游出的自身环路，即补体对中性粒细胞有趋化作用，中性粒细胞释放的纤维蛋白溶解酶和溶酶体酶又能激活补体（图6-42）。

3. 凝血系统和纤溶系统

胶原和组织损伤分别激活内源性和外源性凝血途径，形成凝血酶原激活物，后者使凝血酶原激活形成凝血酶，在凝血酶作用下，纤维蛋白原转化为纤维蛋白，导致血液凝固。

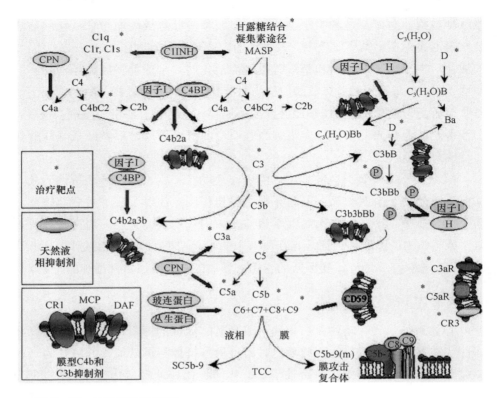

▲ 图6-42　补体活化及作用

在纤维蛋白原转变成纤维蛋白的过程中释放纤维蛋白多肽，其不仅可使血管通透性升高，还是细胞趋化因子。

凝血酶可促进细胞黏附和成纤维细胞增生。

凝血因子X的结合与效应细胞的蛋白酶受体被激活，可介导急性炎症反应，引起血管通透性增加和白细胞游出。

纤溶系统包括纤溶酶原、纤溶酶及其激活物和抑制物，在血管、组织内都存在纤溶酶原激活物，凝血因子Ⅻ亦可激活纤溶酶原转变为纤溶酶。纤溶酶可降解C3产生C3片段，降解纤维蛋白产生纤维蛋白降解产物，使血管通透性增加。

第四节　炎症的分类

病理学依据炎症局部的病变，将炎症分为变质性炎、渗出性炎和增生性炎。

一、变质性炎

特征是炎灶中组织细胞的变质性变化明显，而炎性渗出和增生现象轻微，常见于各种实质器官，如心脏、肝、肾等。变质性炎常由各种中毒或一些病原微生物感染引起，主要形态病变为组织器官的实质细胞出现明显的变性和坏死。

（一）肝变质性炎（鸭肝炎）

眼观：肝大，颜色为黄褐色或土黄色，质地脆弱，伴有出血时，可看到出血点（图6-43）。

镜检：肝细胞不同程度变性（颗粒变性、空泡变性、脂肪变性等）、坏死，甚至溶解；窦状隙、中央静脉充血，汇管区和肝细胞索之间有炎性细胞浸润，窦状隙单核细胞增多（图6-44）。

 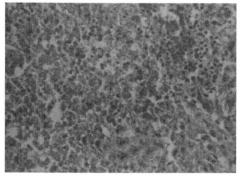

▲ 图6-43 肝变质性炎（眼观）　　▲ 图6-44 肝变质性炎（镜检）

（二）心脏变质性炎

眼观：心肌色彩不均，色泽变淡，失去固有光泽，似煮肉状，质地柔软（图6-45）。

镜检：心肌横纹消失，出现各种变性，有时心肌纤维断裂、崩解、坏死，染色加深，间质毛细血管充血，结缔组织水肿，有少量炎性细胞（图6-46）。

（三）肾变质性炎

眼观：肾肿大，质脆易碎，灰黄色或黄褐色（图6-47）。

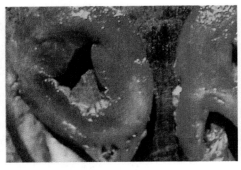
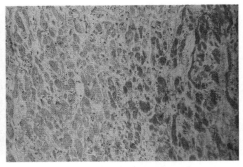

▲ 图6-45　心脏变质性炎（眼观）　　　　▲ 图6-46　心脏变质性炎（镜检）

　　镜检：肾小管上皮细胞发生颗粒、水泡、脂肪变性，上皮细胞肿胀挤压管腔，导致管腔变形，甚至肾小管上皮脱落、破裂，阻塞管腔，间质毛细血管充血，结缔组织水肿及炎性细胞浸润（图6-48）。

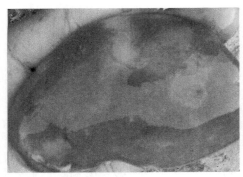
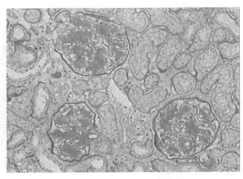

▲ 图6-47　肾变质性炎（眼观）　　　　▲ 图6-48　肾变质性炎（镜检）

　　结局：变质性炎多为急性过程，其结局取决于实质细胞的损伤程度。一般炎症损伤较轻时在病因消除后可完全恢复。如果实质细胞大量受到损伤，引起器官功能发生急剧障碍，可造成严重后果甚至发生死亡。但有时可转为慢性、迁延不愈，此时局部损伤多经结缔组织增生来修复。

二、渗出性炎

　　渗出性炎是以渗出性变化为主，是变质和增生轻微的一类炎症，主要由微血管通透性显著升高引起。炎灶内有大量的渗出物，根据渗出物的特征可将渗出性炎分为浆液性炎、纤维素性炎、化脓性炎、出血性炎和卡他性炎。

（一）浆液性炎

浆液性炎（serous inflammation）以渗出大量的浆液为特征，浆液颜色为黄色或无色，主要成分为血浆，主要蛋白质为白蛋白，另有少量白细胞和脱落上皮细胞。常发生于黏膜、浆膜、皮下和肺，如烧伤、口蹄疫等可发生浆液性炎，为渗出性炎的早期表现。

1. 浆膜浆液性炎

浆液性炎发生在浆膜腔时，可见浆膜腔内积聚有大量的淡黄色透明或稍浑浊的液体，通常称为积液，如心包积液、胸腔积液、腹腔积液、关节积液等（图 6-49，图 6-50）。

 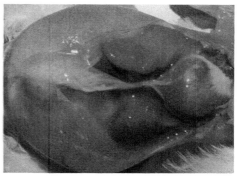

▲ 图 6-49　浆液性心包炎（雏鸡）　　▲ 图 6-50　浆液性腹膜炎

2. 皮肤浆液性炎

皮肤发生浆液性炎时，浆液多积聚于表皮棘细胞之间或真皮的乳头层，使皮肤局部形成丘疹样节结或水疱，此病变常见于炭疽、口蹄疫、猪水泡病、烧伤、冻伤等（图 6-51，图 6-52）。

3. 黏膜浆液性炎

黏膜发生浆液性炎时，在黏膜表面可见多量浆液，有管腔的器官浆液流入管腔形成积液（如输卵管浆液性炎）（图 6-53），黏膜表面充血（图 6-54）。

4. 肺浆液性炎

肺发生浆液性炎比较常见，眼观肺明显肿大，重量增加，切面可流出大量液体（图6-55）。镜检肺泡隔毛细血管充血，肺泡腔充满浆液，其中有数量不一的白细胞，有时还见少量红细胞和纤维素（图6-56）。

结局：浆液性炎一般呈急性经过，炎症易于消退，但浆液较多时，由于压迫，影响周围器官功能。例如，喉头浆液性炎引起喉头水肿，胸膜和心包

▲ 图6-51　皮肤水疱

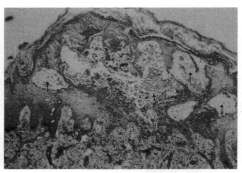

▲ 图6-52　皮肤水疱（少量白细胞和纤维素）

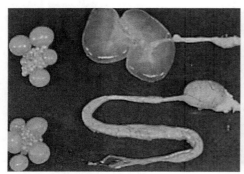

▲ 图6-53　输卵管积液

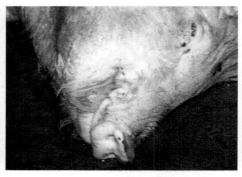

▲ 图6-54　舌表面充血（口蹄疫）

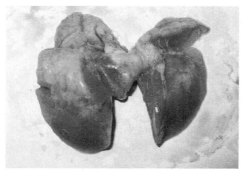

▲ 图6-55　肺浆液性炎（眼观）

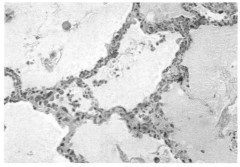

▲ 图6-56　肺浆液性炎（镜检）

积液影响心肺功能。随着致炎因子的消除和机体状况的好转，浆液性渗出物可被吸收消散，局部变性、坏死组织通过再生可完全修复。若病程持久，可引起结缔组织增生，器官和组织发生纤维化，导致相应的机能障碍。

（二）纤维素性炎

纤维素性炎（fibrinous inflammation）以渗出物中含有大量纤维素为特征。纤维素来源于血浆中纤维蛋白原，其渗出后转换为纤维蛋白。

病因及机制：细菌、中毒等因素导致血管壁损伤较重，血管通透性升高，使血浆中较大的分子纤维蛋白原得以渗出，继而转变为纤维素。

光镜下，HE 染色可见大量红染的纤维蛋白交织成网状或片状，间隙中有中性粒细胞和数量不等的红细胞和坏死的细胞碎片。按炎灶中组织坏死的程度，纤维素性炎可分为浮膜性炎和固膜性炎。

1. 浮膜性炎（croupous inflammation）

浮膜性炎是指组织坏死变化较轻微的纤维素性炎，常发生在黏膜、浆膜等处，其特征是渗出的纤维素形成一层淡黄色、有弹性的膜状物被覆在炎灶表面，易于剥离，剥离后，被膜上皮一般仍保留，组织损伤较轻，如鸡大肠杆菌病、鸭浆膜炎等（图 6-57）。纤维素性炎发生在心外膜，由于心脏不停地跳动、摩擦和牵引而使其呈绒毛状，称为绒毛心（牛创伤性网胃心包炎）。镜检在器官的表面形成薄厚不等的纤维层，其中夹杂着一些中性粒细胞，实质细胞损伤不明显（图 6-58）。

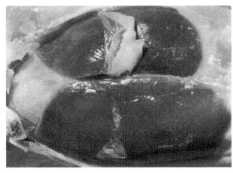

▲ 图 6-57　肝浮膜性炎

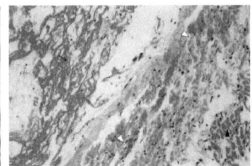

▲ 图 6-58　纤维素性心包炎

2. 固膜性炎（diphtheritic inflammation）

固膜性炎是指伴有比较严重的组织坏死的纤维素性炎，又称纤维素坏死性炎，常见于黏膜。它的特点是渗出的纤维素与坏死的黏膜组织牢固地结合在一起，不易剥离，剥离后黏膜组织便形成溃疡。常发生于患仔猪副伤寒、猪瘟和鸡新城疫等畜禽的肠黏膜上（图6-59）。发生固膜性炎的黏膜可见圆形隆起的结痂，呈灰黄色或灰白色，表面粗糙不平，直径大小不一。镜检结痂是由纤维素与坏死黏膜融合形成的，HE染色为均质无结构的红染物质（图6-60）。

▲ 图6-59　猪瘟（扣状肿）

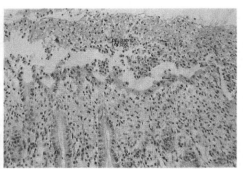
▲ 图6-60　在肠黏膜形成伪膜（纤维素和炎性细胞）

结局：纤维素性炎的结局取决于组织坏死的程度，浮膜性炎时，纤维素受到白细胞释放的蛋白酶的作用，可被溶解、吸收而消散，损伤组织通过再生而得到修复。有时浆膜表面上的纤维素因机化致使浆膜肥厚或与相邻器官发生粘连。固膜性炎因组织损伤严重，不能完全修复，常因局部结缔组织增生而形成瘢痕。

（三）化脓性炎

化脓性炎（purulent inflammation）以中性粒细胞渗出为主，并伴有不同程度的组织坏死和脓液形成。常见于葡萄球菌、链球菌、绿脓杆菌、棒状杆菌等细菌感染，也可由组织坏死继发感染引起。炎区内大量中性粒细胞被破坏崩解后释放的溶酶体酶将坏死组织溶解、液化的过程称为化脓，所形成的液状物称为脓液，其内主要含大量渗出的中性粒细胞和脓细胞（变性坏死的中性粒细胞），还含有细菌、被溶解的坏死组织碎片和少量浆液。因渗出物中的纤维素已被中性粒细胞释出的蛋白酶所溶解，故脓液一般不凝固。根据化脓性炎发生原因和部位的不同，可表现为不同的病变类型。

1. 脓肿（abscess）

器官或组织内的局限性化脓性炎称脓肿。主要表现为组织溶解、液化，形成充满脓液的脓腔。脓肿可发生于皮下和内脏（图 6-61，图 6-62），主要由金黄色葡萄球菌感染引起。脓液是由变性坏死的中性粒细胞和坏死溶解的组织碎片组成的液体。局部大量的中性粒细胞浸润，浸润的白细胞释放的蛋白酶将坏死组织液化，形成含有脓液的囊腔，即脓肿。经过一段时间后，脓肿周围有肉芽组织形成，即脓膜。早期的脓膜具有生脓作用，随后结缔组织增生，巨噬细胞渗出，此时脓膜具有了吸收脓液、限制炎症扩散的作用。如果病原菌被消灭，则渗出停止，小脓肿可以被吸收消散，较大脓肿通常见包囊形成，脓液干涸、钙化。有时由于脓液过多，吸收困难，常需要切开排脓或穿刺抽脓。

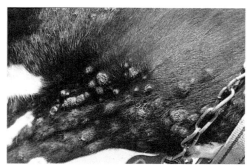

▲ 图 6-61 皮肤脓肿（眼观）

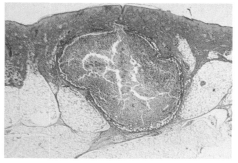

▲ 图 6-62 皮肤脓肿（镜检）

疖（furuncle）是毛囊、皮脂腺及其附近组织所发生的脓肿。疖中心部分液化、变软后，脓肿可自行穿破。痈（carbuncle）是多个疖的融合，在皮下脂肪筋膜组织中形成多个相互沟通的脓肿，一般只有及时切开引流排脓后，局部方能修复愈合。

如果化脓菌继续存在，则从脓肿膜内层不断有中性粒细胞渗出，化脓过程持续存在，脓腔可逐渐扩大。皮肤或黏膜的脓肿可向表层发展，使浅层组织坏死、溶解，脓肿穿破皮肤或黏膜而向外排脓，局部形成溃疡。深部脓肿可以向体表或管道穿破，形成窦道或瘘管。窦道是指只有一个开口的病理性盲管，瘘管是指连接于体外与有腔器官之间或两个有腔器官之间的有两个以上开口的病理性盲管（图 6-63）。无论窦道还是瘘管，均可以不断向外排脓性分泌物，长久不愈。

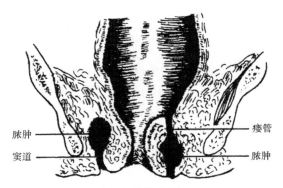

▲ 图 6-63 窦道和瘘管模式图

2. 蜂窝织炎（phlegmonous inflammation）

蜂窝织炎是指疏松结缔组织的弥漫性化脓性炎，大量中性粒细胞在较疏松的组织间隙中弥漫浸润，使得病灶与周围正常组织界限不清。常发生于皮肤、肌肉（图 6-64，图 6-65），主要由链球菌感染等引起。链球菌能分泌透明质酸酶，可降解疏松结缔组织中透明质酸，还能分泌链激酶，可溶解纤维素，不易被局限，容易在组织间隙扩散，造成弥漫性化脓性炎，如马肩胛部发炎。

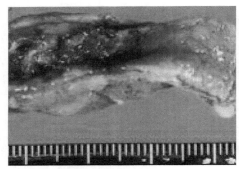

▲ 图 6-64 阑尾蜂窝织炎

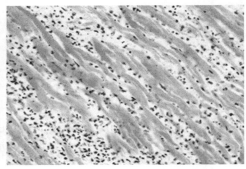

▲ 图 6-65 肌肉蜂窝织炎

3. 表面化脓和积脓

表面化脓是指浆膜或黏膜组织的化脓性炎。黏膜表面化脓性炎又称脓性卡他。中性粒细胞主要向黏膜表面渗出，深部组织没有明显的炎性细胞浸润，如化脓性脑膜炎（图 6-66）和化脓性支气管炎等。当这种病发生在浆膜或胆囊、输卵管、子宫等黏膜表面时，脓液会在腔内蓄积，称为积脓（empyema）（图 6-67）。

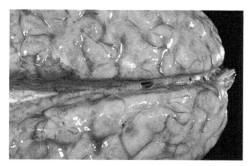

▲ 图6-66 化脓性脑膜炎

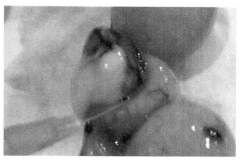

▲ 图6-67 子宫积脓

结局：化脓性炎多为急性经过，较轻时随病原的消除，及时清除脓液，可以逐渐痊愈。较严重时需通过自然破溃或外科手术来进行排脓，较大的组织缺损由新生肉芽组织填充并导致瘢痕形成。若机体抵抗力降低，化脓菌可随炎症蔓延而侵入血液和淋巴并向全身散播，甚至导致脓毒败血症。

（四）出血性炎

出血性炎（hemorrhagic inflammation）是指渗出物中含有大量红细胞的一类炎症。主要是由于一些病原微生物能造成血管严重损伤，导致红细胞随同渗出物被动地从血管内逸出。常见于毒性较强的病原微生物引发的感染，如炭疽、猪瘟、猪丹毒、鸡新城疫、禽流感、兔瘟、鸡法氏囊病等。眼观炎灶中组织充血、出血，呈红色或暗红色，渗出物呈血样外观（图6-68）。镜检炎性渗出物中有多量红细胞，同时有一定量的中性粒细胞。黏膜出血性炎可见上皮细胞发生变性、坏死、脱落，固有膜和黏膜下层血管扩张、充血、出血和中性粒细胞浸润（图6-69）。

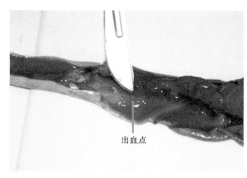

▲ 图6-68 肠黏膜出血性炎（眼观）

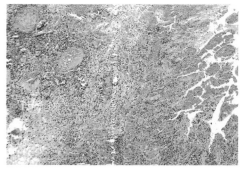

▲ 图6-69 肠黏膜出血性炎（镜检）

结局：出血性炎一般呈急性经过，其结局取决于原发性疾病和出血的严重程度。

（五）卡他性炎

卡他性炎（catarrhal inflammation）是指黏膜发生的一种渗出性炎症，卡他意为"流溢"。根据渗出物的不同，卡他性炎可分为浆液性卡他、黏液性卡他、脓性卡他。

1）浆液性卡他：炎症时，以大量浆液性渗出为主，其实质为发生在黏膜的浆液性炎症。

2）黏液性卡他：发生炎性渗出的同时，伴有黏液腺和黏膜上皮分泌亢进，从而使渗出物中含有大量黏液，十分黏稠（图 6-70）。

3）脓性卡他：是发生在黏膜的化脓性炎症，其渗出物中含有大量脓细胞（图 6-71）。

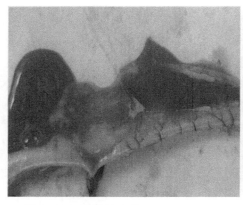 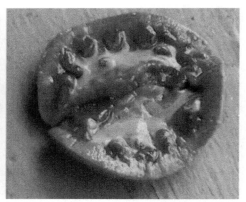

▲ 图 6-70　黏液性卡他　　　　　▲ 图 6-71　脓性卡他

急性卡他性炎，眼观可见黏膜充血、潮红肿胀，表面附着大量渗出物，黏膜腔内有大量渗出物（图 6-72）。镜检黏膜上皮细胞变性、坏死、脱落，固有层和黏膜下层充血、水肿，炎性细胞浸润。慢性卡他性炎时，则见黏膜发生萎缩或增生（图 6-73）。

结局：卡他性炎一般比较轻微，常呈急性经过，如果病因消除，即可迅速痊愈，否则可引起继发感染，或转为慢性卡他性炎。

▲ 图6-72 胃黏膜炎症（眼观）

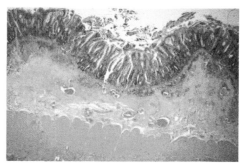

▲ 图6-73 胃黏膜炎症（镜检）

三、增生性炎

增生性炎（proliferous inflammation）是以组织、细胞的增生为主要特征的炎症，也有一定程度的变质和渗出。一般为慢性炎症。根据病变特点，一般可将增生性炎分为一般增生性炎和特异性增生性炎。

（一）一般增生性炎

一般增生性炎是指由非特异性病原体引起的以组织增生为主的一种炎症，增生的组织不形成特殊的结构。可分为急性和慢性两类。

1. 急性增生性炎

急性增生性炎是以组织增生为特征的一类急性炎症，常见于脑、淋巴结和肾等。在脑主要见于病毒、寄生虫感染和食盐中毒引起的非化脓性脑炎，增生的主要成分为胶质细胞，常形成胶质细胞结节；在肾见于以增生为主的急性肾小球肾炎，增生的细胞是肾小球毛细血管内皮细胞、血管系膜细胞及肾小囊脏层细胞。淋巴结和脾发生急性增生性炎时，常见淋巴细胞、网状细胞和淋巴窦内皮细胞明显增生（图6-74，图6-75）。

2. 慢性增生性炎

以间质结缔组织增生为主，故又称慢性间质性炎，常发生于肾和心脏。眼观发生慢性炎症、间质性炎症的器官出现散在的、数量和大小不等的灰白色病灶（图6-76），肠壁增厚，皱褶明显（图6-77）。镜检炎灶中间质结缔组织明显增生，其中可见淋巴细胞、单核细胞浸润，实质细胞发生不同程度的萎缩、变性和坏死（图6-78，图6-79）。

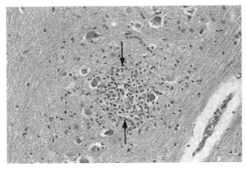

▲ 图 6-74　胶质细胞结节

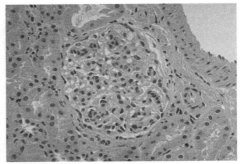

▲ 图 6-75　肾小球增生性炎

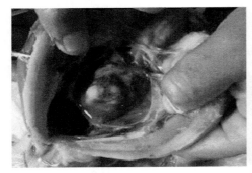

▲ 图 6-76　心肌增生性炎

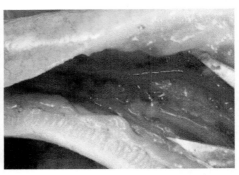

▲ 图 6-77　慢性增生性肠炎（眼观）

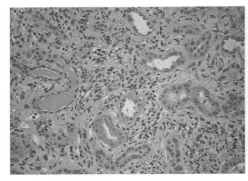

▲ 图 6-78　间质性肾炎

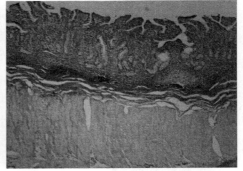

▲ 图 6-79　慢性增生性肠炎（镜检）

（二）特异性增生性炎

特异性增生性炎是由某些特异性病原引起的一种增生性炎症，在炎症局部形成主要由巨噬细胞增生构成的界限清楚的节结状病灶，这种病灶称为肉芽肿（granuloma）（图 6-80）。炎灶内的巨噬细胞来源于血液的单核细胞和局部增生的组织细胞，它可以转换为特殊形状的上皮样细胞和多核巨细胞。根据致炎因子的不同，特异性增生性炎可分为传染性肉芽肿和异物性肉芽肿（图 6-81）。

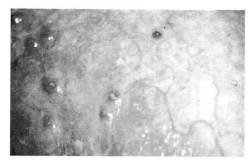

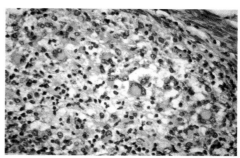

▲ 图 6-80　肺肉芽肿

▲ 图 6-81　多核巨细胞和上皮样细胞

1. 传染性肉芽肿

主要由病原微生物引起，常见病原有结核分枝杆菌、鼻疽杆菌、放线菌等，典型的传染性肉芽肿由 3 部分组成，以结核为例，中心是干酪样坏死，内含坏死的组织细胞和钙盐，还有结核分枝杆菌，周围为巨噬细胞，外层为纤维组织包膜（图 6-82）。

2. 异物性肉芽肿

由寄生虫、外科缝合线及较大的不溶性代谢产物引起。异物性肉芽肿与传染性肉芽肿结构相似，中心为异物，异物周围为多核巨细胞，周围为肉芽组织（图 6-83）。

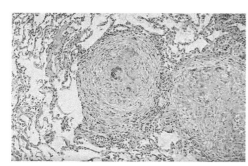

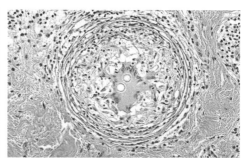

▲ 图 6-82　传染性肉芽肿

▲ 图 6-83　异物性肉芽肿

结局：增生性炎多为慢性经过，伴有明显的结缔组织增生，故病变往往发生不同程度的纤维化而变硬，器官机能出现障碍。

第七章

肿　　瘤

肿瘤（tumor，neoplasm）是一类常见多发病，目前恶性肿瘤已成为危害动物健康最严重的疾病之一。长期以来，世界各国对肿瘤的病因学、发病学及其预防开展了深入的研究，也确实取得了一定的进展。但是，由于其本质尚未被完全揭示出来及环境等因素的影响，恶性肿瘤的发病人数仍在逐年增加。因此，肿瘤的基础理论及防治研究仍是 21 世纪医学乃至整个生命科学领域的研究重点。

第一节　肿瘤的概述

一、肿瘤的概念

肿瘤至今还没有一个确切而又被公认的定义。一般来讲，肿瘤（tumor）是机体在各种致瘤因素（oncogenic factor）作用下，对局部组织细胞的生长在基因水平上失去正常的调控作用，导致其克隆性异常增生而形成的新生物（neoplasm），因常形成局部肿块（mass）而得名。

正常细胞转变为肿瘤细胞后，其增生一般是单克隆性的。肿瘤细胞具有异常的形态、代谢和功能，丧失了不同程度的分化成熟能力，持续性生长并有相对自主性，即使致瘤因素已不存在，仍能持续生长。提示肿瘤细胞的遗传异常可以传给其子代细胞。肿瘤性增生不仅与整个机体的正常生长不协调，而且有害无益。

　　机体在生理状态下及在炎症、损伤修复时的病理状态下也常有组织细胞的增生，称为非肿瘤性增生或反应性增生。这类增生有的属于正常新陈代谢的细胞更新；有的是针对一定刺激或损伤的应答反应，皆为机体生存所需。另外，增生的组织细胞能分化成熟，并在一定程度上能恢复原来正常组织的结构和功能。同时，这种增生有一定限度，增生的原因一旦消除后就不再继续增生。而肿瘤性增生与此不同，二者有着本质上的区别。

　　根据肿瘤的生物学特性及其对机体的危害不同，一般将肿瘤分为良性和恶性两大类。这种分类在肿瘤的诊断、治疗和判定预后上均具有十分重要的现实意义。

二、肿瘤的一般形态和结构

（一）肿瘤的一般形状

1. 肿瘤的外形

　　肿瘤可以有各种各样的形状，常见的肿瘤形状有结节状、息肉状、乳头状、分叶状、囊状、溃疡状、浸润性包块状等。肿瘤形状可因组织类型、发生部位、生长方式和良恶性质的不同而异（图 7-1）。

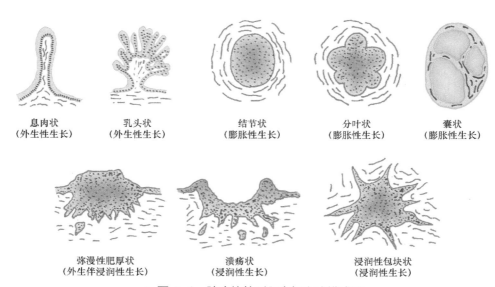

息肉状
（外生性生长）

乳头状
（外生性生长）

结节状
（膨胀性生长）

分叶状
（膨胀性生长）

囊状
（膨胀性生长）

弥漫性肥厚状
（外生伴浸润性生长）

溃疡状
（浸润性生长）

浸润性包块状
（浸润性生长）

▲ 图 7-1　肿瘤的外形和生长方式模式图

发生于身体或器官表面的良性肿瘤往往为结节状、息肉状和乳头状，有完整的包膜，其表面通常是光滑的。起源于深层组织的良性肿瘤，多数为结节状，这些肿瘤可以是实体性的，也可以是囊性的，即有囊腔，腔内有液体。

恶性肿瘤除表现出上述形状外，常伴有出血、坏死，在体表的恶性肿瘤还可破溃而形成溃疡。有些肿瘤不一定形成肿块，如白血病。

2. 肿瘤的大小

肿瘤的体积差别很大。较小的肿瘤，用肉眼很难看到，需在显微镜下才能观察到，如原位癌和甲状腺癌等一些体积十分微小的癌（图7-2）。很大的肿瘤，重量可达数千克，如发生在卵巢的囊腺瘤（图7-3）。一般来说，肿瘤的大小与肿瘤的良恶性、生长时间和发生部位有一定关系。发生在体表或大的体腔内的肿瘤，由于有充裕的生长空间，可以长很多，发生在密闭的狭小腔道（如颅脑、椎管）内的肿瘤，生长受限，体积通常比较小。良性肿瘤对动物体的危害较小，可生长的时间长，可长得很大，而恶性肿瘤常常发生转移或者导致动物死亡，体积不一定很大。

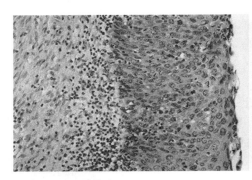

▲ 图7-2　原位癌

▲ 图7-3　大小不同的肿瘤

3. 肿瘤的数量

患肿瘤动物可以只有一个肿瘤（单发肿瘤）（图7-4），也可以同时或先后发生多个原发肿瘤（多发肿瘤）（图7-5）。消化道的癌，单发的较多，神经纤维瘤为多发肿瘤，可出现10个到数百个肿瘤。因此，在对肿瘤检查时，应全面仔细，不能忽视多发肿瘤的可能性。

4. 肿瘤的颜色

肿瘤的颜色与肿瘤的组织来源有关，良性肿瘤的颜色一般接近其来源组

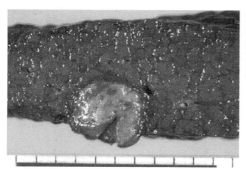

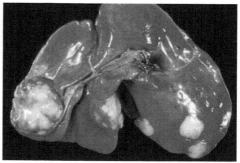

▲ 图 7-4 单发肿瘤

▲ 图 7-5 多发肿瘤

织的正常颜色，如血管瘤多呈红色或暗红色（图 7-6），脂肪瘤呈黄色或白色（图 7-7），黑素瘤呈黑色（图 7-8），纤维瘤呈灰白色（图 7-8），恶性肿瘤的切面多呈灰白或灰红色（图 7-10，图 7-11）。因此，有时可以从肿瘤的色泽大致推测是哪种肿瘤。此外，肿瘤的颜色可因含血量多少，有无变性、坏死及是否含有色素等而表现不同。

▲ 图 7-6 血管瘤（源自 Cornell University College of Veterinary Medicine）

▲ 图 7-7 脂肪瘤（源自 Cornell University College of Veterinary Medicine）

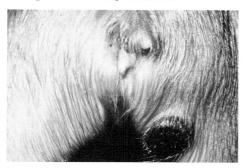

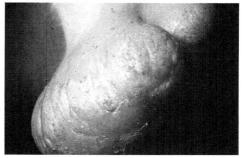

▲ 图 7-8 黑素瘤（源自 Cornell University College of Veterinary Medicine）

▲ 图 7-9 纤维瘤（源自 Cornell University College of Veterinary Medicine）

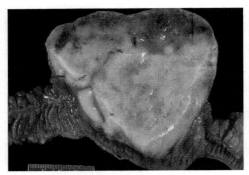
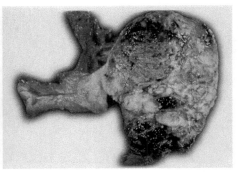

▲ 图 7-10　平滑肌肉瘤（灰白色）　　▲ 图 7-11　子宫肉瘤

5. 肿瘤的质地

　　肿瘤一般较周围正常组织硬，肿瘤的质地与肿瘤的种类，以及肿瘤实质与间质的比例有关。从肿瘤的种类来看，骨瘤最硬（图 7-12），黏液瘤最软（图 7-13）。从实质与间质的比例看，间质富含结缔组织比较硬，因此间质丰富的肿瘤较硬，富含实质细胞成分的肿瘤较软。瘤组织发生坏死时较软，有钙盐沉积时较硬。

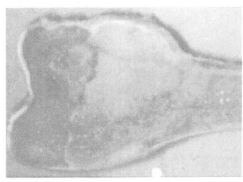
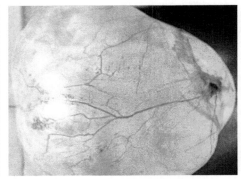

▲ 图 7-12　最硬的骨瘤　　　　　▲ 图 7-13　最软的黏液瘤

（二）肿瘤的组织结构

　　肿瘤的组织结构比较复杂，一般可分为两部分：实质和间质（图 7-14）。

1. 肿瘤实质

　　肿瘤的实质就是肿瘤细胞，是肿瘤的主要成分。肿瘤的一般临床特点和

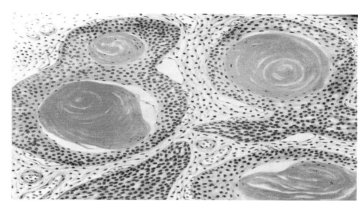

▲ 图7-14 肿瘤组织结构

特殊性都由肿瘤的实质决定。从理论上讲，身体的任何组织都可发生肿瘤，因此，肿瘤实质的形态也是多样的。在大多数情况下，构成肿瘤实质的肿瘤细胞只有一种，但肿瘤实质也可由两种或两种以上肿瘤细胞组成，如畸胎瘤、混合瘤等。

各种肿瘤细胞通常是由各组织的正常细胞转化而来的，因此在形态上和原发组织有一定的相似性。例如，纤维瘤是在纤维性结缔组织上发生的肿瘤，肿瘤细胞的形态和排列就很像纤维性结缔组织。通常根据肿瘤的实质形态来识别各种肿瘤的组织来源，进行组织病理学诊断，并对肿瘤进行分类、命名。

动物体内幼稚的不成熟的组织和细胞发展成为具有特殊功能的成熟的组织和细胞的过程称为分化。肿瘤细胞也表现出细胞的"分化"过程。由同一组织发生的肿瘤，分化程度差异很大。一般来说，良性肿瘤的肿瘤细胞分化成熟程度较高，肿瘤细胞的形态和排列与其来源组织正常细胞的形态和排列极其相似，将此肿瘤称为同型性肿瘤，如平滑肌瘤的肿瘤细胞与正常的平滑肌细胞很相似。与此相反，恶性肿瘤的肿瘤细胞分化程度较低，与原发组织正常细胞的形态及组织结构不太相似或完全不同，甚至接近幼稚的胚胎组织，此类肿瘤称为异型性肿瘤，如肉瘤、癌肉瘤等。

2. 肿瘤的间质

一般由结缔组织、血管、神经和淋巴构成，对肿瘤有支持和营养作用。肿瘤的间质一部分是发生组织原有的，而大部分是随肿瘤的生长而出现的。一般情况下，恶性肿瘤间质内胶原较少，而良性肿瘤或硬性肿瘤间质内胶原较丰富。此外，在肿瘤间质和实质细胞间，常有淋巴细胞浸润，近年来肿瘤免疫学证明，这些淋巴细胞能产生杀伤肿瘤细胞的淋巴因子。通常生长迅速的肿瘤（肉瘤）具有较多血管性间质，而含结缔组织较少。生长慢的肿瘤则间质中血管较少。癌瘤内如含有多量的结缔组织间质，就称为硬癌；含间质少而主要由肿瘤细胞构成的癌称髓样癌。

三、肿瘤的异型性

肿瘤的细胞形态和组织结构与相应的正常组织相比有不同程度的差异，这种差异称为异型性。肿瘤细胞的异型性也称间变（anaplasia）。肿瘤的异型性有两方面：细胞异型性和结构异型性。

（一）细胞异型性

良性肿瘤细胞异型性小，一般与来源细胞相似；恶性肿瘤细胞与来源细胞相比常有高度的异型性，表现出以下特点。

1）肿瘤细胞的多形性：肿瘤细胞通常比相应正常细胞大，各个肿瘤细胞的大小和形态很不一致，有时出现瘤巨细胞（图 7-15），但少数分化程度很低的肿瘤，其肿瘤细胞较正常细胞小，圆形，大小也比较一致。

2）肿瘤细胞核的多形性：肿瘤细胞核的体积增大，细胞核与细胞质的比值增大，正常细胞核质比为 1：(4~6)，恶性肿瘤细胞为 1：1（图 7-16）。肿瘤细胞核的大小、形状和染色质差别较大，可出现巨核、双核、多核、奇异形的核。核内 DNA 常增多，核深染，染色质呈粗颗粒状，分布不均匀，常堆

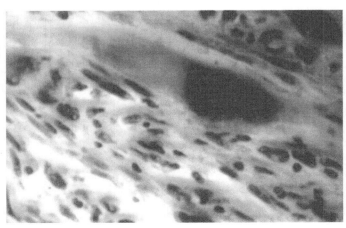

▲ 图 7-15　肿瘤细胞大小不一

积在核膜下。核仁明显，体积大，数目可增多。核分裂相增多，出现病理性核分裂相，如不对称核分裂、多极性核分裂相等（图 7-17）。这些对恶性肿瘤的诊断有重要意义。

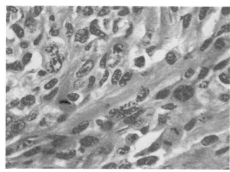

▲图 7-16　核质比增大

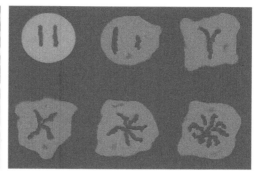

▲图 7-17　病理性核分裂相模式图

3）细胞质的改变：肿瘤细胞胞质通常较正常细胞少，但即使在同一肿瘤内，各肿瘤细胞胞质含量并不一致。此外，胞质的染色性与正常细胞亦显然不同，由于肿瘤细胞胞质内核糖体增多，常呈弱嗜酸性、嗜碱性或兼嗜性着染。

（二）结构异型性

肿瘤组织的结构异型性是指肿瘤组织在空间排列方式上（包括肿瘤细胞的排列、层次、极向、器官结构及其间质的关系等方面）与来源组织的差异（图 7-18，图 7-19）。例如，子宫平滑肌瘤的细胞和正常子宫平滑肌细胞很相似，只是排列方式与正常组织不同，呈编织状。

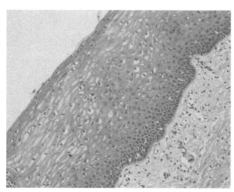

▲ 图 7-18　正常皮肤结构（有极性）

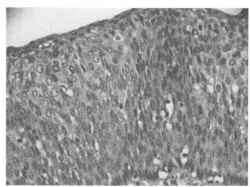

▲ 图 7-19　皮肤癌结构（极性消失）

四、肿瘤的物质代谢

肿瘤作为一种特殊的增生组织，生长旺盛，它的代谢方式不同于正常组织。

（一）蛋白质代谢

肿瘤组织的蛋白质合成和分解作用都增强，但合成代谢超过分解代谢。在肿瘤发展的初期，合成蛋白质的原料主要来自从食物摄入的蛋白质，但随着肿瘤的发展，开始动用组织细胞的蛋白质或血浆蛋白以至于其他组织的蛋白质来合成肿瘤细胞的蛋白质（掠夺性生长）。因此自身组织的蛋白质大量消耗，导致机体出现恶病质状态，如癌症晚期患者的全身性萎缩。

肿瘤组织还可以合成特殊肿瘤蛋白，作为肿瘤相关抗原，可引起机体免疫。由于某些肿瘤蛋白与胚胎组织有共同的抗原性，因此被称为肿瘤胚胎性抗原，如肝癌甲胎蛋白。检查这些抗原对肿瘤的诊断有一定帮助。

肿瘤细胞释放各种肽酶或其他水解酶类，其结果是破坏健康组织和促进肿瘤细胞对周围组织的侵犯与浸润，同时改变了正常细胞与癌细胞的表面特性，干扰了正常识别过程，从而逃脱宿主的各种免疫防御。

（二）糖代谢

动物体在正常供氧时，葡萄糖进行有氧氧化，分解为二氧化碳和水，只有在氧供应不足时才进行无氧酵解。许多肿瘤组织即使在氧气充足的情况下，也通过进行无氧酵解来获取能量，并利用中间产物合成肿瘤所需的蛋白质、核酸、脂类。糖酵解增强的结果是会有大量的乳酸生成，导致机体的酸中毒。另外，由葡萄糖分解为乳酸的糖酵解途径所提供的能量，远不如糖进行有氧分解提供的多。因此，肿瘤组织的糖代谢是一种十分浪费的过程。肿瘤组织这种特殊的代谢方式与线粒体功能异常和酶谱改变有关。

（三）核酸代谢

肿瘤细胞合成 DNA 和 RNA 的能力增强，所以 DNA 和 RNA 的含量在恶性肿瘤细胞中明显升高，这是肿瘤细胞迅速增殖的物质基础。DNA 与细胞的分裂和增殖有关，RNA 与细胞的蛋白质合成及肿瘤生长有关。一旦 DNA 开始合成，细胞就进行一次分裂，产生两个子细胞。肿瘤细胞内 DNA 合成的控制失调，DNA 合成持续进行时，细胞就不断分裂、增殖。

（四）水和无机盐的代谢

肿瘤中以肉瘤组织含水分和 K^+ 较多。肿瘤生长愈快，K^+ 的含量愈高，K^+ 的增加能促进蛋白质的合成。相反，肿瘤组织除了坏死部分外，Ca^{2+} 的含量很低，Ca^{2+} 含量减少可使肿瘤细胞的聚集能力减弱，并易于分离和移动，有利于肿瘤细胞的浸润性生长和转移。

五、肿瘤的生长

（一）肿瘤的生长速度

不同的肿瘤生长速度不一致，这主要取决于肿瘤细胞的分化程度。一般来讲，成熟度高、分化好的良性肿瘤生长缓慢，往往有几年或更长的病史。成熟度低、分化差的恶性肿瘤生长速度快，短期内可形成明显的肿块，由于血液和营养物质相对不足，易发生坏死和出血。

（二）肿瘤的生长方式

肿瘤的生长方式分为 3 种。

1. 膨胀性生长

是多数良性肿瘤所表现的生长方式。特点是由于肿瘤细胞的破坏性较弱，周围的正常组织对其有一定的限制，肿瘤体积逐渐增大，挤压周围组织，但不侵入到邻近的正常组织内。肿瘤组织的外围常有纤维组织增生，形成一层完整的包囊，与周围组织界限清楚。这类肿瘤位于皮下时触诊可以推动，容易手术切除，术后也不易复发，对邻近组织器官一般仅起压迫作用（图 7-20）。

2. 浸润性生长

是多数恶性肿瘤所表现的生长方式。肿瘤细胞分裂增生，侵入周围组织间隙、淋巴管或血管内，像树根长入泥土一样，浸润并破坏周围组织，因此肿瘤没有包膜，与邻近的正常组织无明显界限。肿瘤在生长过程中不仅对周围健康组织进行挤压，而且进行撕裂和破坏，因此又称为破坏性生长。触诊时，肿瘤固定不活动，手术切除这种肿瘤时，切除范围应比肉眼所见肿瘤范围大，而且术后易复发。肿瘤的这种浸润性、破坏性生长，可能与肿瘤细胞分泌一些蛋白分解酶及其他作用有关（图 7-21）。

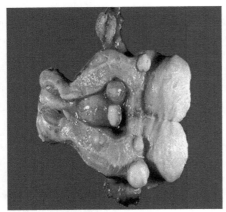

▲ 图 7-20　膨胀性生长

▲ 图 7-21　浸润性生长

3. 外生性生长

发生在体表、体腔表面或管腔性器官表面的肿瘤常向表面生长，形成突起的乳头状、息肉状肿物，这种生长方式称为外生性生长或突起性生长。良性肿瘤和恶性肿瘤均可呈外生性生长（图 7-22，图 7-23）。

▲ 图 7-22　恶性外生性生长

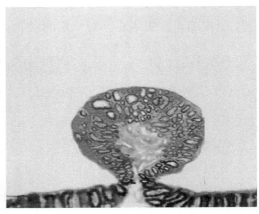

▲ 图 7-23　良性外生性生长

六、肿瘤的扩散

恶性肿瘤不仅可在原发部位生长和蔓延，而且可以通过各种途径扩散到动物体的其他部位，其扩散主要通过直接蔓延和转移两种方式进行。

（一）直接蔓延

呈浸润性生长的恶性肿瘤其肿瘤细胞常沿着组织间隙、血管、淋巴管和神经束浸润、破坏邻近正常组织器官，并继续生长，称为肿瘤的直接蔓延。例如，晚期的子宫颈癌可蔓延到直肠和膀胱。

（二）转移

恶性肿瘤的肿瘤细胞从原发部位脱离，经血管、淋巴管或其他途径迁移到身体的其他部位，并继续生长，形成与原发瘤同类型的肿瘤，这个过程称为转移，所形成的肿瘤称为继发瘤和转移瘤。一般良性肿瘤不发生转移，只有恶性肿瘤才发生转移。常见的转移途径有以下几种。

1）血道转移：肿瘤细胞侵入血管后可以以瘤栓形式随血流达到远隔的器官继续生长，形成继发瘤。由于动脉管壁厚、血压高，而静脉管壁薄、血压低，因此瘤细胞多从静脉入血。这是肉瘤的常见转移途径（图 7-24）。

2）淋巴道转移：肿瘤细胞侵入淋巴管后，随淋巴流首先到达局部淋巴结，形成继发瘤，然后可以由一组淋巴结侵入到另一组淋巴结，继续扩散发展。癌细胞通常经淋巴管转移（图 7-25）。

3）种植性转移：浆膜腔内肿

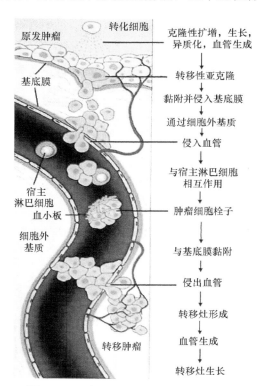

▲ 图 7-24 细胞血道转移

瘤细胞可以脱落，并像播种一样种植在体腔各器官的表面形成转移瘤，这种转移方式称为种植性转移或播种。例如，肝癌细胞脱落后可种植到胃的浆膜表面（图7-26）。

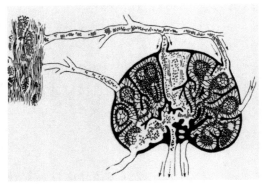

▲ 图7-25　淋巴道转移　　　　　　▲ 图7-26　种植性转移

　　肿瘤转移的发生机制复杂，至今尚未十分明了。有人发现肿瘤组织间液含较多的溶酶体酶，如组织蛋白酶、多肽酶等，其量比正常组织间液高4～100倍，这些酶可降低肿瘤细胞的黏合力，使肿瘤细胞易脱离和转移。肿瘤细胞的转移，仅是肿瘤实质的转移，肿瘤间质并不随之转移。

七、肿瘤对机体的影响

　　肿瘤因其良恶性的不同，对机体的影响也有所不同。

（一）良性肿瘤

　　因其分化较成熟，生长缓慢，停留于局部，不浸润，不转移，故一般对机体的影响相对较小，主要表现为局部压迫和阻塞症状。

　　良性肿瘤对机体的影响主要与发生部位和继发变化有关。

　　发生部位：体表的良性肿瘤除少数引起局部症状外，一般对机体无重要影响；发生在消化道的肿瘤可引起肠梗阻；脑内肿瘤可引起神经症状。

　　继发变化：良性肿瘤有时可继发性改变，亦可给机体带来不同程度的影响，如子宫肌瘤常伴有浅表糜烂和溃疡，可引起出血和感染；脑垂体前叶的嗜酸性细胞腺瘤可引起巨人症。

（二）恶性肿瘤

由于分化不成熟，生长迅速，浸润、破坏器官的结构和功能，并可发生转移，因此对机体的影响严重。恶性肿瘤除可引起上述与良性肿瘤相似的局部压迫和阻塞症状外，还并发溃疡、炎症、发热和疼痛，到晚期导致恶病质状态。

八、良性肿瘤与恶性肿瘤的区别

良性肿瘤与恶性肿瘤的区别见表 7-1，主要依其分化程度、生长方式、有无转移和复发及对机体的影响等方面综合判断。

表 7-1　良性肿瘤与恶性肿瘤的区别

区别点	良性肿瘤	恶性肿瘤
分化程度	分化好，异型性小，与原组织相似	分化差，异型性大，与原组织差异大
核分裂相	较少或无病理性核分裂相	多见病理性核分裂相
生长方式	膨胀和外生性生长，有包膜	浸润和外生性生长，与周围组织无界限
生长速度	缓慢，很少出血、坏死	较快，常伴有坏死、出血
转移复发	不转移，术后不易复发	常有转移，术后易复发
对机体影响	小，压迫和阻塞	大，破坏组织、恶病质甚至死亡

第二节　肿瘤的命名和分类

动物的任何部位、任何组织和任何器官都可以发生肿瘤。因此，肿瘤的种类繁多，肿瘤必须有一个统一的命名和分类，以利于肿瘤的诊断、治疗及教学和科学研究工作的进行。

一、肿瘤的命名

（一）良性肿瘤的命名

一般在发生肿瘤的组织名称后加一个"瘤"（-oma）字，如来源于纤维组织的良性肿瘤称为纤维瘤（fibroma），来源于脂肪组织的良性肿瘤称为脂肪瘤。

有时还结合良性肿瘤生长形状进行命名，如在皮肤、黏膜上生长的良性肿瘤，其外形似乳头状，称为乳头状瘤。为了进一步说明还可以加上部位的名称，如皮肤乳头状瘤。

发生部位＋形状＋组织来源＋瘤，如皮肤乳头状腺瘤。

（二）恶性肿瘤的命名

根据以下几种不同情况进行命名。

1）由上皮组织形成的恶性肿瘤称为癌，为了说明癌的发生部位和组织，还可以冠以发生器官和组织的名称，如腺癌、食管癌等。

2）来源于间叶组织的恶性肿瘤称为肉瘤，间叶组织包括结缔、脂肪、肌肉、血管、骨、软骨、淋巴和造血组织等。其命名方式为在来源组织名称之后加肉瘤，如淋巴肉瘤、纤维肉瘤等。

（三）特殊情况

除上述命名原则以外，由于历史原因，有少数肿瘤的命名已经约定俗成，不完全依照上述原则。

1）命名来源于神经组织和未成熟胚胎组织的恶性肿瘤时，通常在发生肿瘤的器官或组织名称前加"成"字，如成神经细胞瘤、成肾细胞瘤，也可以在来源组织名称后面加"母细胞瘤"，如神经母细胞瘤、肾母细胞瘤等。有些母细胞瘤是良性的，如骨母细胞瘤。

2）有些恶性肿瘤成分复杂，组织来源尚有争议，则在肿瘤的名字前加"恶性"二字，如恶性畸胎瘤、恶性黑素瘤。

3）有些恶性肿瘤常冠以人名，如鸡马立克病（Marek's disease）等。

二、肿瘤的分类

通常以肿瘤来源组织为依据，将其分为上皮组织、间叶组织、神经组织和其他类型组织的肿瘤。不同组织的肿瘤按其组织的分化程度又分为良性和恶性两类（表 7-2）。

表 7-2　肿瘤的分类

类别	组织来源	良性	恶性
上皮组织肿瘤	被覆上皮	乳头状瘤	鳞状细胞癌，移行上皮癌
	腺上皮	腺瘤	腺癌
间叶组织肿瘤	结缔组织		
	纤维组织	纤维瘤	纤维肉瘤
	脂肪组织	脂肪瘤	脂肪肉瘤

续表

类别	组织来源	良性	恶性
间叶组织肿瘤	结缔组织		
	肥大细胞	肥大细胞瘤	恶性肥大细胞瘤
	滑膜组织	滑膜瘤	滑膜肉瘤
	骨组织	骨瘤	骨肉瘤
	软骨组织	软骨瘤	软骨肉瘤
	血液淋巴组织		
	淋巴组织	淋巴瘤	淋巴肉瘤，各种白血病
	造血组织		
	血管	血管瘤	血管肉瘤
	淋巴管	淋巴管瘤	淋巴管肉瘤
	肌组织		
	平滑肌	平滑肌瘤	平滑肌肉瘤
	横纹肌	横纹肌瘤	横纹肌肉瘤
神经组织肿瘤	神经纤维	神经纤维瘤	神经纤维肉瘤
	神经鞘细胞	神经鞘瘤	恶性神经鞘瘤
	胶质鞘细胞	神经胶质瘤	恶性神经胶质母细胞瘤
	脑膜鞘细胞	脑膜瘤	脑膜肉瘤
	交感神经节	神经节细胞瘤	神经节母细胞瘤
其他组织肿瘤	胚胎组织	畸胎瘤	恶性畸胎瘤
	黑色素细胞	黑素瘤	恶性黑素瘤
	多种成分	混合瘤	癌肉瘤

第三节　肿瘤的病因学

肿瘤病因学是研究引起肿瘤发病原因的学科，是当前医学研究的重要课题之一。只有彻底弄清引起肿瘤的原因和条件，在临床上才能对肿瘤进行有效的防治。

一、外因

（一）化学性致癌因素

对动物有肯定或可疑致癌作用的化学物质很多，现已确知化学致癌物质有 1000 多种。多数化学物质需要在体内代谢后才能致癌，称为间接致癌物。

少数化学物质不需要在体内进行代谢转化即可致癌，称为直接致癌物。化学致癌物多数是致突变剂，具有亲电子基团，能与大分子（DNA）的亲核基团共价结合，导致其结构改变。化学致癌物起启动作用，引起癌症发生过程的始发变化。

1）多环芳烃：是最早被发现的化学性致癌物之一，存在于石油、煤焦油中。其中的主要致癌物 3,4-苯并芘是煤焦油的主要成分，可由有机物燃烧产生，存在于工厂排出的煤烟和烟草点燃后烟雾中。3,4-苯并芘诱发的肿瘤有肺癌、皮肤癌、胃癌等。近几十年来肺癌的发生率日益增加，与吸烟和大气污染有密切关系。

2）氨基偶氮染料：作为食品染料时，可导致肝癌，因此食品中应禁用致癌色素。染发剂中含有对苯二胺，可引起细胞的癌变，因此最好不染发或少染发。

3）亚硝胺类：亚硝胺是亚硝酸盐在胃内酸性环境中合成的致癌物质，可引起肝癌和食道癌。亚硝酸盐广泛地存在于自然界中，如土壤、肥料、谷物、蔬菜和水中，而且它是肉食品的防腐增色剂。河南省林县的食管癌发病率高，与食物中亚硝胺含量高有关。

4）真菌毒素：真菌在自然界广泛存在，种类很多，其中大多数为非致病性的。200 多种霉菌可产生毒素，其中以黄曲霉毒素 B1 致癌作用最强，它存在于霉变的花生、玉米中，主要引起肝癌。

此外，农业用药（DDT、有机磷类）、重金属（镍、铬、砷①、铅）、甾体类（雌激素——更年期注射雌激素可引起乳腺癌）等被发现均有致癌作用。

（二）物理性致癌因素

1）电离辐射：是指波长很短的 X 射线、γ 射线和带亚原子微粒的辐射。电离辐射可从其穿透的物质中带走电子，从而形成电离化的分子，这种分子很不稳定，可转变为高能量自由基，这些自由基可杀死细胞，造成细胞染色体畸变而引起肿瘤的发生。例如，长期接触 X 射线的工作者易患白血病或皮肤癌。

2）紫外线：其致癌作用是由于细胞内的 DNA 吸收光子，妨碍了 DNA 分子的复制，引发了基因突变。紫外线诱发多种动物患肿瘤的能力很强，如高

---

① 砷（As）为非金属，鉴于其化合物具有金属性，本书将其列入重金属

原地区野外放牧，动物耳部少毛处易发生皮肤癌。

3）慢性刺激：Virchow（1858）已提出慢性刺激致癌学说，认为许多肿瘤是在慢性物理性、机械性因素等的刺激作用下发生的。例如，日本北海道大学研究人员用煤焦油反复涂擦兔耳，获得了皮肤癌的动物模型；咀嚼不充分、吞咽过快常可引起食道癌；慢性肝炎可引起肝癌等。

（三）生物学致癌因素

1）病毒：是最重要的生物性致瘤因素，危害严重的畜禽肿瘤多数由病毒所致。到目前为止，已证明约有 30 多种动物的自发性肿瘤是由病毒引起的，如多种动物（牛、鸡等）的白血病，鸡的马立克病和劳氏肉瘤，兔的纤维瘤、黏液瘤，多种动物的乳头状瘤等。目前已知的可致动物肿瘤的病毒约有 150 株以上，其中约 1/3 为 DNA 病毒，其余为 RNA 病毒。

2）霉菌和寄生虫：除霉菌毒素可导致肿瘤外，霉菌本身也有一定的致癌和促癌作用。霉菌本身可引起局部的慢性炎症，促进上皮增生，提高其对致癌物的易感性。例如，人类早期食道癌，上皮内霉菌阳性率达 50%。

寄生虫对动物的侵袭也易导致肿瘤，如埃及人患膀胱癌的同时伴有血吸虫病者达 90%。这可能是由于寄生虫侵袭引起局部黏膜上皮增生，但癌变的发生机制是虫体或虫卵的物理性刺激，还是其分泌物的化学作用，或两者共同作用，还不清楚。

二、内因

外因引起肿瘤发生的重要性已被人们认识，机体内因在肿瘤发生中也具有重要意义。例如，某些肿瘤有明显的遗传现象，有些肿瘤能自行康复等。

1）种属：动物的种属不同，好发的肿瘤不一样，特别是病毒性肿瘤。例如，由疱疹病毒引起的马立克病仅在鸡形成恶性肿瘤。

2）年龄：肿瘤一般见于年龄较大的动物，如 10 岁以上的老龄犬，淋巴肉瘤的发病率较高；12 岁以上的老母鸡往往死于卵巢癌；白血病多见于年轻人。

3）性别：性别不同，某些肿瘤的发生、生长趋势以至于预后也不尽相同，人们推测与激素有关，如母鸡比公鸡易发白血病，女人易患卵巢癌，男人易患胰腺癌。

4) 品种和品系：不同品种或品系的动物由于其遗传基因不同，肿瘤的发生情况差异较大。来航鸡易患白血病，C3H 纯系小白鼠易患乳腺癌。

5) 机体的免疫力：肿瘤的发生、发展和预后都与动物机体的免疫状态有关。例如，在人工诱发肿瘤实验中，切除实验动物胸腺或用免疫抑制剂的实验动物对肿瘤诱导因素的敏感性明显高于免疫状态正常的对照动物。临床病理研究发现，人类乳腺癌和胃癌患者的癌组织及其周围组织中，淋巴细胞浸润多者，预后较好，肿瘤可长期不转移，患者存活时间长。在肿瘤免疫反应中，以细胞免疫为主，体液免疫也有一定作用。参与肿瘤免疫的效应细胞有淋巴细胞毒性 T 细胞（cytotoxic T lymphocyte，CTL）、自然杀伤细胞（natural killer cell，NK cell）和巨噬细胞等。激活的 CTL 通过细胞表面的 T 淋巴细胞受体识别肿瘤特异性抗原，释放一些酶以杀伤肿瘤细胞。NK 细胞激活后可溶解多种肿瘤细胞，T 淋巴细胞产生的干扰素 -γ 可激活巨噬细胞，产生肿瘤坏死因子（TNF-α），参与杀伤肿瘤细胞。

6) 遗传因素：遗传因素在一些肿瘤的发生中起重要作用。这种作用在遗传性肿瘤综合征上表现最明显。遗传性肿瘤综合征患者的染色体和基因异常，使他们比其他人患某些肿瘤的机会大大增加。例如，家族性视网膜母细胞瘤呈常染色体显性遗传，患者从亲代继承了一个异常的基因，当另一个基因发生突变等异常时，发生视网膜母细胞瘤。在这些疾病中，突变或缺失的基因是肿瘤抑制基因，又如人乳腺癌有家族史。

第四节　肿瘤发生的机制

引起肿瘤的因素有很多，这些病因作用于动物机体如何引起肿瘤的发生是一个十分复杂的问题。不同的病因引起肿瘤形成的机制是不一样的，一些肿瘤的形成机制迄今还不清楚。近年来通过对细胞生物学和分子生物学的研究，人们对肿瘤的发病机制已有了进一步的认识，提出了种种学说。比较有说服力的是体细胞突变学说和基因表达失调学说。

一、正常体细胞的癌变

正常体细胞的癌变即肿瘤细胞是由正常细胞癌变而来，正常细胞通过基因突变和表达失调转变为肿瘤细胞。

（一）体细胞基因突变学说

这种学说认为体细胞发生恶变是细胞的 DNA 发生突变的结果。Boveri（1929）提出了体细胞突变学说，并以此解释癌变机制。一般认为细胞癌变是体细胞基因突变的结果，内外致癌因素作用导致细胞基因中 DNA 碱基顺序的改变，从而引起细胞癌变。

在 Nowell（1960）发现人类 Ph 异常染色体的出现是慢性粒细胞性白血病的标志后，人们开始寻找代表不同肿瘤的染色体组型特征，然而肿瘤细胞的染色体组型极不正常，除 Ph 异常染色体外，几乎没有其他肿瘤具有等同的染色体组型。

体细胞突变学说中体细胞突变可能有 3 种途径。

1）外来基因进入体细胞的基因组，从而导致细胞的瘤变，这主要是通过对病毒致瘤机制研究得出的结论。DNA 致瘤病毒的基因组可直接整合到正常体细胞的 DNA 分子中；致瘤 RNA 病毒会以病毒 RNA 为模板，在反转录酶的作用下形成病毒 DNA，并整合到宿主细胞的 DNA 上，从而使该细胞发生瘤性转化。

2）由致瘤物质引起了体细胞遗传物质结构的改变，多数致瘤物质尽管化学结构不相同，但致瘤机制基本相似，即在体内经过酶的代谢活化形成终致瘤物，这种终致瘤物是一种具亲电子结构的化合物，能与体内靶细胞的 DNA 结合，从而使该细胞的基因物质发生结构上或表现形式上的变异，使正常细胞转化为肿瘤细胞。

3）物理性致瘤因素主要是通过损伤靶细胞的核酸或基因物质引起细胞突变。

（二）基因表达失调学说

这种学说认为正常细胞转变成肿瘤细胞，不是细胞基因发生突变，而是基因表达失控的结果。肿瘤的发生过程只涉及基因的阻遏和去阻遏问题，基因阻遏是正常表达现象，如发生不适当的去阻遏，那就会走上异常分化的途径，从而出现肿瘤生长。

二、癌变细胞发展为肿瘤

研究人员进行动物实验时发现，肿瘤的形成过程大体上分为两个阶段，即激发阶段和促发阶段。

激发阶段是指正常体细胞在致癌物的作用下基因发生突变，转化为癌细胞。目前认为，这个阶段并不是不可逆的，有时这些癌细胞在某些因素的作用下可向正常细胞转化，这种现象称为去恶化，去恶化可分为恶性程度的减低或完全丧失。去恶化的机制主要是当细胞 DNA 损伤后，细胞本身通过切除修复和复制修复的方式对损伤的 DNA 进行修复。对癌细胞逆转的研究不仅有助于阐明肿瘤的发展机制，更重要的是可以为肿瘤的防治提供新的理论依据。

肿瘤细胞形成后，若发生肿瘤，尚需一个促发阶段。在促发阶段，肿瘤的形成需要有辅助致癌因素作用。例如，实验中给小鼠皮肤涂抹 3,4- 苯并芘，数月后仅有少数小鼠发生皮肤癌，若在 11 周后换涂无致癌作用的巴豆油，则大多数小鼠发生皮肤癌。因此认为，3,4- 苯并芘对正常细胞的癌变有激发作用，而巴豆油则有促发作用。

三、免疫作用

当细胞发生癌变之后，在其形成肿瘤之前，还要受到机体免疫系统的制约。正常的动物机体有免疫监视作用，对少数异常或突变细胞能予以消灭，使之不能繁殖形成肿瘤。在机体的免疫功能受到抑制时，肿瘤才得以发生、发展。肿瘤在其形成过程中，可通过不同途径来抑制机体的免疫系统。

1）免疫耐受现象：大多数的肿瘤抗原属于弱抗原，随着肿瘤的生长，这些弱抗原不断释放并刺激机体的免疫系统，可以造成机体对抗原的免疫耐受。

2）肿瘤的封闭因子：肿瘤生长时，在患肿瘤病动物的血清中出现一种因子，它可阻滞或封闭致敏淋巴细胞对靶细胞的杀伤作用，对肿瘤的生长有促进作用。这种因子可能是一种抗体或抗原 - 抗体复合物。

3）免疫抑制现象：有人认为肿瘤能分泌一些活性物质，这些活性物质能非特异地抑制免疫反应，阻断特异的抗体反应，从而有利于肿瘤的生长。

4）肿瘤细胞表面性状的改变：有人认为肿瘤细胞表面被大量的唾液酸覆盖，掩蔽了肿瘤细胞表面的抗原决定簇，从而减弱了淋巴细胞对抗原的识别，使肿瘤得以生长。

第五节　常见畜禽肿瘤

一、良性肿瘤

（一）乳头状瘤

乳头状瘤是由被覆上皮转化来的良性肿瘤，其好发部位为皮肤、口、咽、鼻腔、舌、食管、胃、肠和膀胱。

眼观：由被覆上皮向表面生长形成，呈乳头状。有的在乳头状突起上形成很多分支状的小乳头，呈绒球状或菜花状，乳头状瘤根部往往较细，称为蒂（图 7-27）。

镜检：乳头状瘤中央为结缔组织和血管，表面为增生的上皮组织。不同部位的上皮组织不同，如皮肤表面为鳞状上皮，膀胱表面为变移上皮，胃肠表面为柱状上皮。黏膜上皮的乳头状瘤又称息肉（图 7-28）。

▲ 图 7-27　皮肤乳头状瘤（眼观）　　▲ 图 7-28　皮肤乳头状瘤（镜检）

（二）腺瘤

腺瘤是由腺上皮转化来的良性肿瘤，可发生于多种动物的腺体，常见于肝、卵巢、甲状腺、肾上腺、乳腺和唾液腺等。

眼观：腺瘤常呈球状或结节状，外有包膜，与周围界限清楚。有时胃肠的腺瘤突出于黏膜的表面，呈乳头状或息肉状，有明显的蒂（图 7-29）。

镜检：一般腺瘤由腺泡和腺管构成，腺泡由柱状或立方上皮构成。由内分泌腺转化来的腺瘤，通常没有腺泡，而是由很多大小较为一致的多角形或球状细胞团构成（图 7-30）。

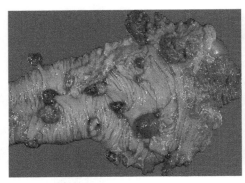

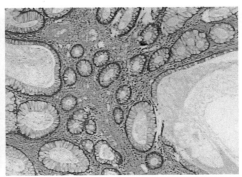

▲ 图 7-29　肠腺瘤　　　　　　　　　▲ 图 7-30　甲状腺瘤

（三）纤维瘤

纤维瘤是由纤维性结缔组织转化来的良性肿瘤。畜禽发生纤维瘤十分多见，凡有结缔组织的部位均可发生，多见于皮下、黏膜下、肌肉间隙和骨膜等处。纤维瘤由纤维细胞转化来的肿瘤细胞、纤维细胞、胶原纤维和血管组成。

眼观：与正常纤维组织比较，其主要特点是呈结节状或团块状，有包膜，界限明显；瘤体大小和数量不一，一般为单发，但也有多发；质地比较坚韧，切面为白色或粉白色，有不规则的条纹（图 7-31）。

镜检：纤维瘤的细胞形态和染色与成纤维细胞及其胶原纤维相似，但数量比例、结构排列与它们不相同。肿瘤细胞分布不均匀，肿瘤细胞和胶原纤维排列紊乱，往往呈束状相互交错，或呈旋涡状排列，纤维粗细不等（图 7-32）。

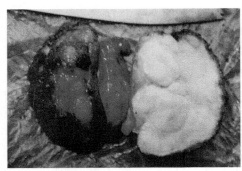

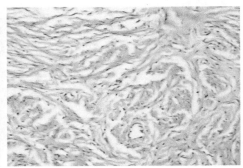

▲ 图 7-31　纤维瘤（眼观）　　　　　▲ 图 7-32　纤维瘤（镜检）

根据纤维瘤所含肿瘤细胞和胶原纤维的比例不同，将纤维瘤分为两类：硬纤维瘤和软纤维瘤。

硬纤维瘤：胶原纤维多而细胞成分少，纤维排列致密，质地坚硬。

软纤维瘤：细胞成分多而胶原纤维少，纤维排列疏松，质地较软。

纤维瘤与纤维组织增生的区别如下。

1）增生的纤维组织呈浸润性生长，没有包膜，切除不完全时，可以复发，但不转移扩散；而纤维瘤多为膨胀性生长，有包膜，切除后不复发，不转移扩散。

2）增生的纤维组织的细胞为成纤维细胞，增生活跃，胞质丰富，胞核大；而纤维瘤的细胞为成熟的纤维细胞，形态比较一致。

（四）脂肪瘤

脂肪瘤是由脂肪组织转化来的良性肿瘤，见于各种畜禽，多发于皮下，有时见于网膜和肠系膜等处。

眼观：脂肪瘤呈结节状或分叶状，有包膜，能够移动，与周围组织界限清楚，质地柔软，颜色淡黄，与正常的脂肪组织相似（图 7-33）。

镜检：肿瘤细胞近似脂肪细胞，肿瘤组织的结构与脂肪组织接近，但由少量间质将肿瘤组织分割成许多大小不等的小叶，周围有明显的包膜（图 7-34）。

▲ 图 7-33 脂肪瘤（眼观）

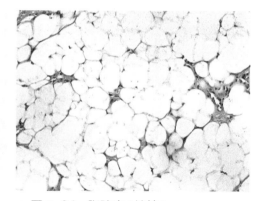

▲ 图 7-34 脂肪瘤（镜检）

（五）平滑肌瘤

平滑肌瘤是由平滑肌细胞转化来的良性肿瘤，多见于消化道和子宫。

眼观：平滑肌瘤呈结节状，有包膜，质地较硬，大小、形状不一，切面灰红色（图 7-35）。

镜检：肿瘤组织的实质为平滑肌细胞，肿瘤细胞为长梭形，细胞间有数量不等的纤维性结缔组织，组织排列不规则（图 7-36）。

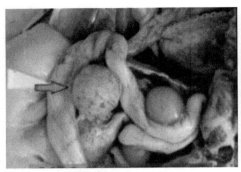

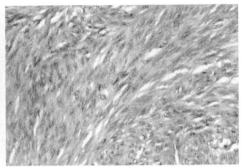

▲ 图 7-35　鸡输卵管平滑肌瘤

▲ 图 7-36　平滑肌瘤

二、恶性肿瘤

（一）鳞状细胞癌

鳞状细胞癌是由鳞状上皮细胞转化来的恶性肿瘤，发生于多种动物的皮肤或皮肤型黏膜，如乳房、阴茎、阴道、口腔、舌、食管、喉等处。非鳞状上皮组织如鼻咽、支气管、子宫体等的黏膜也可出现鳞状细胞癌，一般是鳞状上皮化生之后才能发生。

眼观：鳞状细胞癌主要向深层组织浸润性生长，导致组织肿大，结构破坏，有时也向表面生长，呈菜花样，而且常发生出血、坏死和溃疡（图 7-37）。

镜检：初期上皮细胞癌变，棘层细胞出现进行性非典型性增生，表现出细胞异型性和不规则有丝分裂，这些细胞尚未突破基底膜时，通称原位癌（图 7-38）。继续发展时，癌细胞团突破基底膜向深层浸润性生长，形成圆形、梭形或条索状细胞团，即成为典型鳞状细胞癌，细胞团块称癌巢（图 7-39）。分化程度好的鳞状细胞癌，癌巢中心发生角化，形成癌珠，相当于表皮角化层（图 7-40）；分化程度差的，没有癌珠，细胞异型性大，有较大的核分裂相。鳞状细胞癌的间质多少不一，间质大量增生，使癌组织变硬，称硬癌；间质疏松，并有较多血管、淋巴细胞、浆细胞甚至中性粒细胞和嗜酸性粒细胞时，癌组织较软，称软癌。

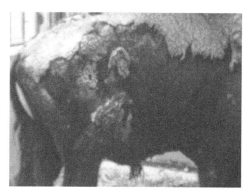

▲ 图 7-37 皮肤癌

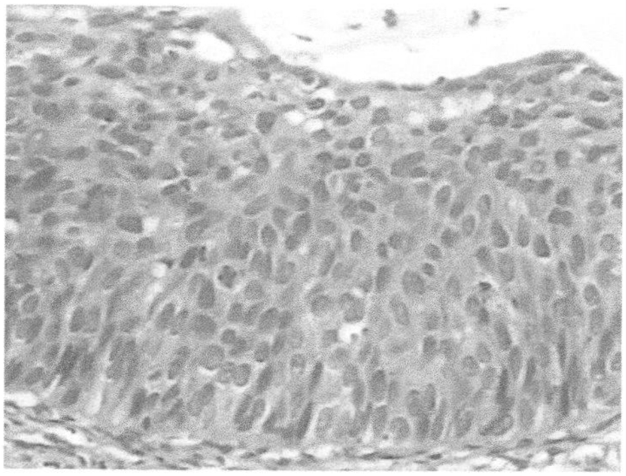

▲ 图 7-38 原位癌

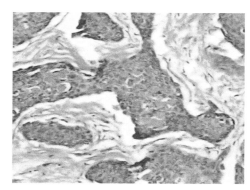

▲ 图 7-39 癌巢

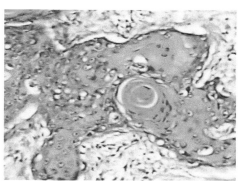

▲ 图 7-40 癌珠

（二）腺癌

腺癌是由黏膜上皮和腺上皮转化来的恶性肿瘤，多发于动物的胃肠道、支气管、胸腺、卵巢、乳腺和肝等器官。

眼观：癌体为不规则的团块，无包膜或包膜不完全，与周围健康组织界限不清，癌组织质硬而脆，颜色灰白，无光泽。一些腺癌常伴有出血、坏死和溃疡（图 7-41）。

镜检：凡已分化的腺癌其癌细胞不同程度地表现出腺上皮的特征，如细胞为立方形、低柱状或柱状，一小部分可为多边形或其他形状。癌细胞排列为腺管样、条索状、团块状等（图 7-42）。

（三）纤维肉瘤

纤维肉瘤是来源于纤维性结缔组织的一种恶性肿瘤，可见于多种动物，

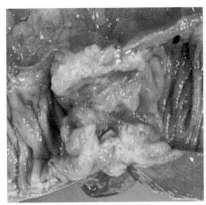
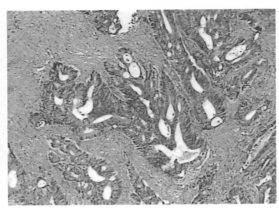

▲ 图 7-41 肠腺癌（眼观）   ▲ 图 7-42 肠腺癌（镜检）

发生的部位与纤维瘤基本相同。

眼观：瘤体为结节状、分叶状或不规则形，与周围组织界限清楚，有时还见包膜，质地比正常组织稍硬，大小、数量不一，切面呈粉红色或灰白色，均质似鱼肉样（图 7-43）。

镜检：纤维肉瘤之间差异较大。分化程度高、恶性程度低的纤维肉瘤与纤维瘤相近；分化程度低、恶性程度高的纤维肉瘤与纤维瘤有明显差异，表现为肿瘤细胞大小不等，瘤巨细胞多见；肿瘤细胞的形状不一，多形性显著，核深染，常有核分裂相，肿瘤细胞多，而胶原纤维少（图 7-44）。

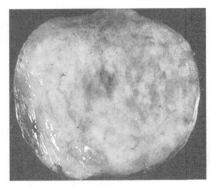
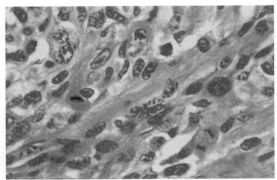

▲ 图 7-43 纤维肉瘤（眼观）   ▲ 图 7-44 纤维肉瘤（镜检）

（四）恶性黑素瘤

恶性黑素瘤是由黑色素细胞演变来的一种恶性肿瘤。在人一般为良性，在家畜多数为恶性。恶性黑素瘤可见于多种动物，但以马类，尤其是白色或浅色马更为多见，常发生于尾根、会阴部和肛门周围。

眼观：瘤体大小不等，小者仅豆粒大，大者可达数千克；原发小肿瘤为结节状，转移瘤可使组织弥漫性肿大；质地不一，原发瘤较坚硬，转移瘤较柔软；切面干燥，呈黑色或棕黑色（图 7-45）。

镜检：肿瘤细胞大小不等，形态不一，呈圆形、椭圆形、梭形或不规则形。肿瘤细胞胞质内黑色素颗粒少时，还可见到胞核和嗜碱性胞质，黑色素颗粒多时，胞核和胞质常被掩盖，极似一滴墨汁。肿瘤细胞排列紧密，间质成分很少（图 7-46）。

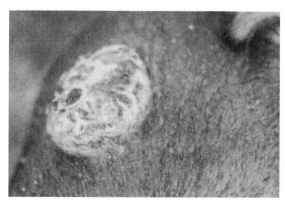

▲ 图 7-45 恶性黑素瘤（眼观）

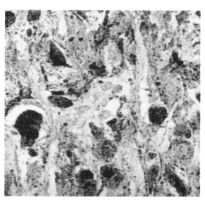

▲ 图 7-46 恶性黑素瘤（镜检）

（五）鸡淋巴白血病

鸡淋巴白血病也称淋巴肉瘤、鸡淋巴细胞组织增生病。自然发病在 14 周龄以上，以性成熟的母鸡最为多见。发氏囊的滤泡细胞是淋巴白血病病毒的靶细胞。最初形成腔上囊肿瘤，以后肿瘤细胞通过血液循环转移到其他器官，尤其是在肝、肾、脾形成新肿瘤。

眼观：瘤体呈大小不等的结节状，表面光滑，与周围组织界限明显，切面为乳白色，肿瘤若发生在器官表面，瘤体常呈扁平的隆起，组织器官肿大（图 7-47）。

镜检：肿瘤细胞呈弥散性或结节性增生，肿瘤细胞主要是体积、大小和形态比较一致的成淋巴细胞，胞质清晰，呈嗜碱性，核圆形，常有核分裂相（图 7-48）。

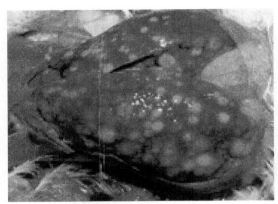

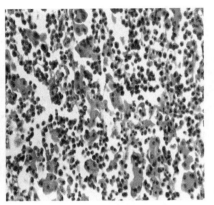

▲ 图7-47 鸡淋巴白血病

▲ 图7-48 成淋巴细胞增生

（六）鸡马立克病

鸡马立克病是一种常见的淋巴细胞增生性疾病，以皮肤、外周神经、肌肉和各内脏器官的淋巴样细胞浸润、增生和肿瘤形成为特征。

眼观：肉眼可见的瘤灶表现为两种形式。一是形成结节，数量和大小不一，呈灰白色鱼肉样，多见于心脏、肝、脾、肠等内脏器官；二是弥漫性肿大或增厚成肿块，常见于卵巢、腺胃等（图7-49，图7-50）。

镜检：各器官的瘤灶均由大、中、小淋巴细胞和浆细胞及组织细胞等多形态的细胞所组成，可见到变性的成淋巴细胞，细胞大，胞质嗜碱性，核浓染。在肿瘤细胞聚集区，嗜银纤维丰富，而且有肿瘤细胞坏死和核碎片（图7-51，图7-52）。

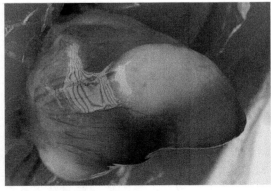

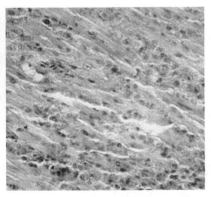

▲ 图7-49 鸡心肌肿瘤

▲ 图7-50 心肌间质中有大量浸润的细胞

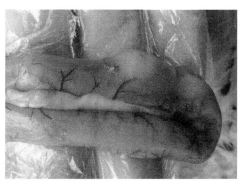

▲ 图 7-51 鸡十二指肠肿瘤

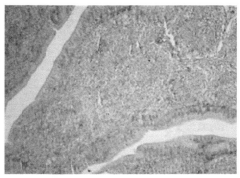

▲ 图 7-52 肠绒毛固有膜内充满结节状
结构

主要参考文献

陈海涛. 2006. 兽医病理解剖学. 3版. 北京: 中国农业出版社.

崔治中. 2017. 禽病诊治彩色图谱. 2版. 北京: 中国农业出版社.

韩安家. 2003. 病理学教学彩色图谱. 北京: 科学出版社.

李玉林. 2002. 分子病理学. 北京: 人民卫生出版社.

李玉林. 2013. 病理学. 8版. 北京: 人民卫生出版社.

刘长贵. 2016. 组织病理学教学彩色图谱. 沈阳: 沈阳出版社.

刘建钗. 2015. 鸡传染病形态学诊断与防控. 北京: 化学工业出版社.

刘建钗. 2016. 常见猪病形态学诊断与防控. 北京: 化学工业出版社.

柳巨雄. 2011. 生理学. 北京: 高等教育出版社.

齐长明. 2004. 牛病彩色图谱. 2版. 北京: 中国农业大学出版社.

佘锐萍. 2007. 动物病理学. 北京: 中国农业出版社.

史景泉. 2005. 超微病理学. 北京: 化学工业出版社.

苏敏. 2005. 图解病理学. 北京: 北京大学医学出版社.

王家鑫. 2009. 免疫学. 北京: 人民卫生出版社.

王雯慧. 2016. 兽医病理学. 北京: 科学出版社.

徐镔蕊. 2012. 动物病理学彩色图谱. 北京: 中国农业大学出版社.

宣长和. 2005. 猪病诊断彩色图谱与防治. 北京: 中国农业科学技术出版社.

杨光华. 2001. 病理学. 5版. 北京: 人民卫生出版社.

张旭静. 2003. 动物病理学检验彩色图谱. 北京: 中国农业出版社.

赵德明. 2012. 兽医病理学. 3版. 北京: 中国农业大学出版社.

邹思湘. 2013. 动物生物化学. 5版. 北京: 中国农业出版社.

Boveri T.1929.The Origin of Malignant Tumors. Baltimore: Williams and Wilkins, 32-63.

Nowell P C. 1960. Phytohemagglutinin: an initiator of mitosis in cultures of normal human leukocytes. Cancer Research, 20(20): 462.

Virchow R. 1863. Cellular pathology. As based upon physiological and pathological histology. Lecture XVI—Atheromatous affection of arteries.